凝煉知識品味閱讀

創新服務行銷

開拓藍海商機

周春芳 編著

Global Competence

Empower Yourself

第2版

五南圖書出版公司 印行

劉序

顧客價值致勝

20 世紀是產業經濟發展的大舞台，各種新興產業隨著各國工業化的腳步不斷興起，帶來人類文明社會的繁榮盛景。然而，眾所周知，不論是工業產品或是消費產品，在產業經濟的價值鏈中，「產品」、「技術」、「成本」、「產能」、「品質」始終是顯性的經濟競爭優勢。即使在 20 世紀末，80 年代 PC 產業之興起，90 年代網路科技竄起；甚至，服務業比重在許多已開發國家占有 70%以上的 GNP，仍然脫離不了這種經營思維。「顧客」、「服務」、「價值」始終是經營策略之隱性因子。直到 90 年代末期，當成千上萬的全球企業因為無能或無力提供有價值的顧客服務，而消失於全球化的浪潮中。

21 世紀，因數位科技、通訊、網路科技之普及，引領全球各地企業進入一嶄新的新世代。每一位消費者，藉由網路上無遠弗屆的資訊平台、強大的搜尋引擎，開啟了知識經濟主導的全球化競爭時代，也奠定了消費者或者是「顧客」主宰的市場機制。最典型的改變，企業規模大如 IBM 公司（是少數成功由傳統產業轉型跨入科技產業，再轉型跨入服務產業）的 21 世紀宣言：「IBM 是一家以服務為核心能力的公司」，堪稱開啟了以「服務」為競爭優勢的最佳典範。

台灣競逐全球的幾個重要的策略性產業，不論是台積電的半導體晶圓代工「服務」，鴻海體系的大規模代工「服務」，廣達的全球筆記型電腦第一的代工「服務」……等等。經營本體表面上雖然以製造為核心，本質上都是為無數的「顧客」與「服務」建立新的競爭優勢所奠基而成。過去所強調的「產品」與「技術」需要高「知識含量」的競爭力來源，也慢慢轉移到必須擁有高含量的「顧客關係」與「服務價值」的知識內涵，才能在下一波的全球化競爭浪潮中生存下來。

國內探討服務經濟或「顧客價值」、「服務價值鏈」的書少如鳳毛麟爪。本書作者用心整合了幾個重要的服務經濟的關鍵元素：「生活型態」、「顧客經驗」、「價值導向」，試圖以系統化的觀點，為讀者提供全面的「服務競爭優勢」思維。尤其提出以「顧客平台」結合「創新平台」的「價值服務」模式，開啟了一條建立企業未來新的競爭優勢來源，值得一讀。不論是服務業、製造業或是科技產業，不妨可以深入一窺究竟，在本身所屬的經營體系中去體驗並加以驗證。

天下雜誌群　總經理

廖序

反應產業需要的實用性教材

近年產業的蛻變以及全球化競爭為企業經營策略帶來極大的衝擊，傳統的成本、品牌，乃至差異化策略等，在激烈競爭的市場中逐漸喪失原有的優勢；成本策略將企業捲入紅海困境，而差異化策略著重與競爭對手之區隔，不盡然可以滿足顧客的需求。新經濟顯學一致推崇企業應以「顧客價值」之創造作為經營主軸，唯有創造出物超所值的顧客價值，才有機會同時取得顧客滿意與忠誠，創造企業利益與追求永續經營。而在既有市場中欲以創造顧客價值勝出，必須超越舊有行銷思維與模式，以創新思維與手法創造出真正符合顧客價值感受之服務。社會變遷加速，生活型態之改變提供服務創新者愈來愈大的發展空間，在傳統經營優勢式微，需求主導市場之際，「服務創新」已經成為國內產業突破困境、開創新局的重要課題。

本校產學中心經理周春芳女士集結其過去近二十年在商業、流通業管理之研究所得，加上其多年來不間斷對產業脈動之觀察，積極整合服務創新與服務行銷相關議題研究心得，編撰完成《創新服務行銷》乙書。服務行銷並非商管之新創領域，但創新服務行銷確是因應服務經濟世代產業發展需要之新訴求。周女士提出以「顧客價值」為核心精神之服務行銷理念，係將「顧客價值」鑲嵌於行銷思維之中，以「服務創新」將價值元素加值於傳統服務之上，導引行銷及服務課題延伸鏈結產業新需求。此新的視野與見解，值得所有關心本土產業發展、認同服務經濟發展趨勢之各界人士共同關注，一起為產業催生更具競爭力之服務產業發展策略。

台灣科技大學副校長

廖慶榮

自序

服務創新　開創藍海商機

身處服務經濟世代，「服務」已經主宰經濟發展，無論傳統產業或新興產業，透過服務創造附加價值成為企業競爭的基本籌碼。如何跨越技術與產品創新之層次，向更高整合面向的服務創新邁進，已成為現世代企業經營極為關鍵且迫切之課題。全球化的競爭加速服務創新的發展，面對前所未有的挑戰，國內產業在服務創新方面，亟需創新理念與智識的加持與挹注，以在服務手法快速複製的威脅與競爭中保有經營優勢。

面對次世代的服務產業競爭，檢視國內現況，產業發展未臻成熟，而服務行銷觀念普遍不足！當此之時，追循先進國家服務行銷發展軌跡，並參酌其服務行銷成功個案，以及少數國內服務發展較前瞻之「準標竿型」案例等，諒有值得國內服務型產業借鏡之處。鑑此，本書彙集整理前述素材，以挖掘與創造顧客價值為核心，探討如何發展新創服務以創造服務價值、締造競爭優勢，冀一則提供國內產業發展新創服務參考，另則作為國內大專校院行銷管理課程教材，為國內服務創新之發展略盡棉薄之力。

本書編撰依循「服務」、「服務行銷」、「創新服務行銷」循序漸進的脈絡，引導讀者清晰掌握服務加值與延伸的軌跡，跨越傳統服務行銷的門檻，窺見服務創新的行銷視野。本土化、多面向且生活化的行銷創新案例貼近讀者生活，指引讀者從生活中發掘服務創新機會，時時掌握服務加值商機。編撰過程誠惶誠恐，一方面感受到產業創新與服務行銷發展之急迫性，編著作業倍感時間壓力；另方面則受限於國內服務創新知識與成功個案相當有限，可茲參考、佐證文獻相對不足。因之，本書內容雖力求嚴謹完備，惟作者才疏學淺，偏頗訛誤之處在所難免，尚祈各界指正，俾再求精進！

筆者 10 年來跟隨國內服務產業成長腳步，著述主題從「商業自動化」、「流通業現代化與電子商務」到「創新服務行銷」，默默筆耕記錄服務產業發展與躍進的軌跡，一冊一躍進，產業之服務行銷格局在競爭的洪流中展現世代般的翻新，雖然前有嚴苛考驗，仍欣見產業永不止歇的蛻變動力以及蓄勢待發的創新潛力！在藍海策略的加持之下，且讓我等共同期待國內服務產業以創新開創藍海新商機，在全球化之服務經濟舞台勝出！

周春芳

97年6月

總論

服務經濟時代來臨

二十一世紀展開全球化競爭，已開發國家為搶食經濟大餅，一方面積極發展新興產業，一方面向低人力成本地區尋求製造優勢，在國際大廠的強勢供應鏈及既有技術優勢壓迫之下，長久以來以「代工」角色分食國際分工小餅的開發中國家，面對日益深化的全球化趨勢，倍受壓力！全球化引發經濟激戰，專家指出，新經濟之戰將以「服務經濟」（service economy）作為競逐舞台，勝出的關鍵不在製造優勢，而在營運與行銷模式之創新。

服務的發展近年逐漸受到國內外產業的重視，無論是傳統產業或新興高科技產業，均冀望透過服務創造的附加價值來提高企業的競爭優勢。尤其在微利產業之中，實體商品的利潤空間已經被壓縮到極微，企業很難在現有成本空間爭取利潤優勢與追求差異化，身處服務經濟世代，「服務」已然主宰經濟發展，無論傳統產業或新高產業，透過服務創造附加價值成為企業競爭之基本籌碼。如何跨越技術與產品創新之層次，向更高整合面向的服務創新邁進，已成為現世代企業經營極為關鍵且迫切之課題。

台灣歷經過去四、五十年的努力，在經濟、社會及教育等各方面均呈現大幅成長，這些方面的進展帶動了服務業的成長與躍升。在需求面方面，由於經濟成長及國民所得提高，消費價值觀隨之變動，促進了消費者對服務品質與內涵之需求與高度期待；在供給面方面，教育程度之提高與普及對服務業人才之養成有相當明顯助益，服務意識之抬頭帶動服務產業之磁吸效應，高級人力逐漸從製造產業向服務產業挪移。在供給與需求雙向驅動之下，服務產業無疑將成為台灣經濟之重要主幹。

服務行銷

綜此，以「服務」為基礎之經濟發展概念已成為新世代產業競爭的關鍵動力，產業日漸重視服務行銷在營運策略之角色，跳脫產品行銷的格局，力圖運用「服務」

為企業從各個層面創造附加價值，提高競爭力，服務產業之成長日趨明顯，在產業整體發展扮演重要角色，營運核心從有形產品到無形服務之蛻變是產業轉型與躍升之關鍵推手，服務業之快速成長勢必為產業帶來可觀的商機。然而，隨著服務發展，服務產業不斷面對挑戰與瓶頸。其一，服務的特質造就服務複製之低門檻，企業費盡心思推出之服務組合可能在極短時間內被同業以更低之成本複製，服務優勢之維持相當困難；其二，經濟自由化與國際化之衝擊成為服務業相當嚴峻之考驗，服務業者面對的不僅有本國業者的競爭，更要面對許多具備優質服務、經營管理效率與行銷能力之國際化服務型企業的競爭。

創新服務行銷

鑑此，面對服務產業永不間斷、推陳出新之競爭，企業除了持續以附加價值創造優勢之行銷策略之外，尚需以「服務創新」打造永續的服務優勢。結合「服務行銷」與「服務創新」之服務策略，即為「創新服務行銷」，創新服務行銷之意涵：企業應型塑創新之組織文化，跳脫傳統之經營窠臼，以創新服務思維建置創新服務發展機制，打造新服務模式，不斷推出符合顧客價值之服務組合，以顧客滿意與顧客忠誠締造企業之競爭優勢。

創新服務行銷之發展包括兩大面向：

一、企業需建立制度化之新服務發展系統，建置創新服務平台，以服務團隊建構獨特的企業創新服務系統，築建服務複製之擋土牆。

二、需以「顧客價值」作為服務行銷之前題，創新服務行銷之成敗繫之於是否傳達了具顧客價值之服務，沒有創造顧客價值之服務無法締造顧客忠誠與長久之企業獲利。

目 錄

總論

服務行銷　1

第一章　服務概論　3

第一節　產業發展歷程　3

第二節　服務發展　4

一、服務的定義及特質　4

二、服務的發展進程　7

三、服務發展的驅動力　8

第三節　服務業的消費者行為　9

一、消費屬性　9

二、消費者決策過程　11

三、文化因素　14

第二章　服務行銷概論　17

第一節　服務金三角　17

一、企業與顧客之間：透過外部行銷來設定對顧客之承諾　18

二、服務提供者與顧客之間：藉由互動行銷來履行對顧客

之承諾 19
三、公司與服務提供者之間：以內部行銷激勵、強化服務提供者之承諾履行能力 19

第二節 服務行銷組合 20

一、傳統行銷組合 20
二、服務行銷組合 21

第三節 服務文化 22

一、員工的角色 22
二、顧客的角色 30
三、顧客參與策略 33
四、服務文化 37

第三章 顧客關係管理 41

第一節 行銷思潮的演進 42
第二節 顧客關係管理之意涵 44
第三節 關係行銷 45

一、保留策略之基礎 46
二、保留策略之執行 49
三、評估顧客 52

第四節 顧客關係管理之應用 54

一、資料探勘 54
二、網頁型探勘 55
三、網頁型調查 56
四、虛擬客服中心 57

第四章　新服務發展　**59**

第一節　新服務之定義與範疇　59

第二節　新服務類型　61

第三節　新服務發展策略　62

一、新服務策略角色　62

二、新服務發展策略　64

第四節　新服務發展步驟　65

一、前端規劃　65

二、執行　68

第五節　服務發展趨勢　70

一、大量客製化　70

二、顧客導向　73

三、服務創新　75

第五章　新服務與競爭力　**83**

第一節　服務的機會與優勢　84

一、服務的機會　84

二、服務創造的優勢　86

第二節　服務競爭力之實證研究　87

第三節　服務創新之實證研究　90

創新服務行銷　93

第六章　顧客價值　95

第一節　顧客價值之意涵　95

第二節　創造顧客價值　99

一、創造顧客價值五部曲　99

二、創造企業價值　101

三、五部曲之執行　102

第三節　創造顧客價值之成功經驗　117

第七章　顧客價值管理與顧客經驗管理　121

第一節　顧客價值管理　121

一、顧客區隔　121

二、顧客價值管理　122

三、服務價值績效評估　123

第二節　顧客經驗管理　125

一、顧客經驗資訊模式　126

二、顧客經驗管理架構　128

三、顧客經驗管理之執行　130

第八章　服務創新　133

第一節　顧客導向之服務創新　134

一、顧客導向之意涵　134

二、顧客導向之創新模式　135

第二節　生活型態導向之服務創新　139

一、生活型態之定義　139
二、生活型態之行銷意涵　140
三、消費者生活型態趨勢　142
四、生活型態導向之創新模式　144

第九章　價值導向之服務創新　155

第一節　價值服務之構面　156
第二節　價值服務發展模式　161

一、新服務團隊　161
二、新服務發展模式　161
三、價值服務利潤模式　162

第三節　服務構面之產業差異　163
第四節　價值服務發展個案　164

【個案一】：統一速達——黑貓宅急便　165
【個案二】：中菲行——物流配送　171
【個案三】：M 電信——行動商務加值服務　177
【個案四】：松下資訊——行動商務加值服務　181

服務之展望 187

第十章　服務之展望　**189**

第一節　從傳統服務到新服務　189

第二節　新服務管理模式　190

一、盤點策略　192

二、重整組織　192

三、排定順位　192

第三節　服務之展望　193

一、建立價值優勢　193

二、加強顧客參與　194

三、強化企業資訊基礎建設與整合平台　195

四、建構服務價值評量指標　195

第四節　新服務績效評量　195

一、財務構面　196

二、顧客構面　196

三、內部構面　196

第十一章　服務創新模式與成功個案　**199**

第一節　服務創新模式　199

一、無障礙購物平台　199

二、通勤族購物服務　201

三、養生餐盒　203

第二節　國外成功案例　208

一、英國二維條碼型錄購物　208
二、法國歐尚——得來速 Drive Thou　208

第三節　國內成功案例　210

頂好惠康 E-Shop　210

第十二章　服務創新趨勢　215

第一節　「幸福產業」的服務商機　216

一、單身商機　216
二、寵物商機　217
三、公仔商機　217

第二節　「抗老產業」的服務商機　217

一、銀髮族群的消費趨勢　218
二、銀髮族群服務創新模式　219

第三節　「方便飲食」的服務商機　220

一、冷凍速食加熱即食　220
二、可移動性、方便攜帶之食品開始流行　221
三、單人份產品紛紛面市　221

參考文獻　223

1

服務行銷

第一章 服務概論

本章概要

第一節 產業發展歷程
第二節 服務發展
一、服務的定義及特質
二、服務的發展進程
三、服務發展的驅動力
第三節 服務業的消費者行為
一、消費屬性
二、消費者決策過程
三、文化因素

第一節 產業發展歷程

台灣早期經濟發展著重於供給面的生產性產業，經濟發展的重點在工業及農業，而通路結構與需求面的消費市場則相對不受重視。

1980 年代之後，台灣整體環境隨著經濟自由化、政治民主化及社會多元化的趨勢而有顯著的結構性變遷，產業結構的轉變導致服務型產業日趨重要。依據行政院主計處統計資料顯示，從生產結構來看，我國農業生產毛額占整體國內生產毛額比重從 1981 年占 GDP 的 8.1 %萎縮到 2006 年第一季的 1.57%；工業從 1981 年的 41.9 %，減少至 2006 年第一季的 24.1 %：服務業則從 1980 年占 GDP 50%逐漸增加至 2006 年第一季的 74.3 %（行政院主計處，*2006*）。

以通路擴張情形觀之，連鎖超商之領導企業統一超商 2000 年總店數 2,000 家，2006 年 7 月成長至超過 4,000 家之規模；全家便利商店十年前僅有 200 家通路，十年後通路已擴張到 1,860 家。台灣經濟結構已明顯從工業為主調整至朝向服務業發展的趨勢。

從社會發展觀之，隨著社會結構變遷，消費型態逐漸由「大眾化」朝向「分眾化」發展，消費者對產品的需求由大量消費轉變為多樣、少量的消費型態，迫使生產及流通配送作業必須因應市場需要進行全盤性調整。新型態業種業態如雨後春筍不斷出現，因應消費模式之改變，生產及配銷模式必須更精確與效率化，以達到商品的供需協調。如何運用新科技以創新服務自此刻起逐漸受到重視。

1990年起，企業全球化佈局興起，為維持產業競爭力，國內產業一方面受制於國外大廠強勢供應鏈的壓力，另方面則意識到跨足全球市場、追求規模經濟與範疇經濟的利基，在上述雙重覺醒之下，產業積極發展全球運籌佈局，並逐漸將資通訊技術運用在全球佈局之營運系統中，整合產品的供應、下單、配送、行銷等供應流程，重視產業價值鏈的強化。在整合性供應鏈中，除了傳統的生產流程之外，最重要的是將產品的流通與行銷整併進去，強化流通服務的效率與功能，商品的價值鏈逐漸超脫製造範疇。

2000年以後，歷經價值鏈的重整與產銷整合的推進，產業面臨全球化競爭的考驗，企業一方面意識到要從製造代工的微利向創新研發及行銷服務擴展，創造附加價值；另方面則在行銷服務的拓展過程中，覺察到服務模式在短期內被競爭對手模仿的危機，產業發展瞬時被推向另一個思考層面：傳統的行銷及服務手法已然無法在激烈的競爭中固守傳統優勢，面對競爭對手的積極跟進與成功複製，唯有發展更系統化的服務模式，加上不斷創新的活力，方足以對抗永不間斷的嚴厲挑戰。

第二節　服務發展

一、服務的定義及特質

Zeithaml和Bitner（黃鵬飛譯，2002）定義服務：「服務包含所有的經濟活動，其產出不是實體產品或建設，它通常在生產之時即被消費，並為其首次購買者提供無形的重要附加價值（如：便利、娛樂、時效、舒適、健康）。」Gustafsson和

Johnson（*2003*）定義服務：「服務是一種發生在顧客與服務員工或服務提供者之商品、資源或系統間之互動的一個或一系列活動，這些活動的目的在於提供顧客問題解決方案。」上述定義顯示服務的生產及消費截然不同於實體商品的生產與消費，商品生產自與顧客分離之工廠，而服務則發生於顧客直接參與的過程。服務與實體商品之相異點如表 1-1。

表 1-1 商品與服務之比較

商品	服務
本身即為交易目的	提供顧客解決方案或經驗
偏同質性	偏異質性
偏有形性	偏無形性
通常生產與消費分離	與顧客合作生產
技術隱藏在商品內	使用技術提供顧客更多控制
以交易為基礎	以關係為基礎

Tatikonda 和 Zeithaml（*2002*）提出服務與有形商品之明顯差異在於服務具備無形性（intangibility）、同時性（simultaneity）、異質性（heterogeneity）、易逝性（perishability）及易模仿性（imitability）等特性。Terrill 和 Middlebrooks（余欲第譯，*2001*）指出大部分服務業具備以下特性：

1. 服務業的演化和成熟速度比製造業快。

2. 競爭對手能快速且輕易複製新推出的服務項目。

3. 競爭對手具備並擁有界定明確的的市場地位，這種地位很難被剝奪。

4. 服務業市場的界定很模糊，利基隨時分合。

Tether 和 Hipp（*2000*）從四個角度指出服務的特性：

1. 生產與消費緊密連結

服務通常代表著一種服務組合，意即屬於一種流程，在服務之提供中很難明確區分產品與流程。

2. 高度資訊內涵及無形產出

相較於製造產業，服務產業「生產流程」與「什麼被生產出來？」間之關係較為模糊。

3. 人力資源扮演較重要角色

服務之產出與服務之創新均極仰賴產出與創新過程中涉入人員之知識背景與專業技能。尤其針對技術成分較高之服務，交易進行過程中服務人員之知識與技能決定了服務之良窳。

4. 企業組織扮演關鍵角色

服務創新涵蓋產品創新與流程創新，追根究底，產品創新達到服務產出符合顧客需求之境界，僅能締造短期獲益；服務產出流程之創新對於服務提供者具有長期性效用，可從根本面締造服務優勢。此部分涉及服務提供企業之組織構面，唯有健全且具創新特質之組織文化方得以驅動服務產出流程之徹底創新。

Tether 和 Hipp（2000）提出幾個型態之服務企業：

1. 供應商主導型（Supplier Dominated Sectors）

此類型服務包括：公共與社會服務（如教育與行政）、個人化服務及獨立型零售店等。此型態服務之競爭基礎在於工作團隊之技能與價格，而非技術優勢。

2. 生產密集型服務（Production-Intensive Services）

此類型服務涉及相當程度之勞力付出，包括服務產出之簡化與運用機器代替人力，大致上包含網路服務及規模密集型服務兩類：

(1)網路服務（network services）

此類服務大部分仰賴資通訊等無形網路來提供服務，例如，銀行、保險及電信服務等。拜資通訊技術發展之賜，此類型服務之複雜性、精確性及服務品質已獲得相當改善，並且已逐漸提供客製化服務，以及建立許多服務之標準化。

(2)規模密集型服務（scale-intensive services）

此類型服務仰賴有形實體網路或通路來提供規模經濟與範疇經濟，例如：大眾運輸、旅遊服務、大量交易與配銷等。競爭基礎相當仰賴現有之硬體技術。

(3)專業型技術供應商或技術導向型服務（specialized technology suppliers and technology-based services）

此類型服務之競爭核心在於服務本身之創新性活動，極端仰賴服務人員之專業知識與技能，例如：軟體與專業企劃服務等。

二、服務的發展進程

雖然實體商品與服務之間存在明顯差異性，但絕大多數不全然屬實體商品或服務，通常為二者之組合所成。Gustafsson 和 Johnson（*2003*）將商品到服務之間的進展劃分為四個階段，如圖 1-1：

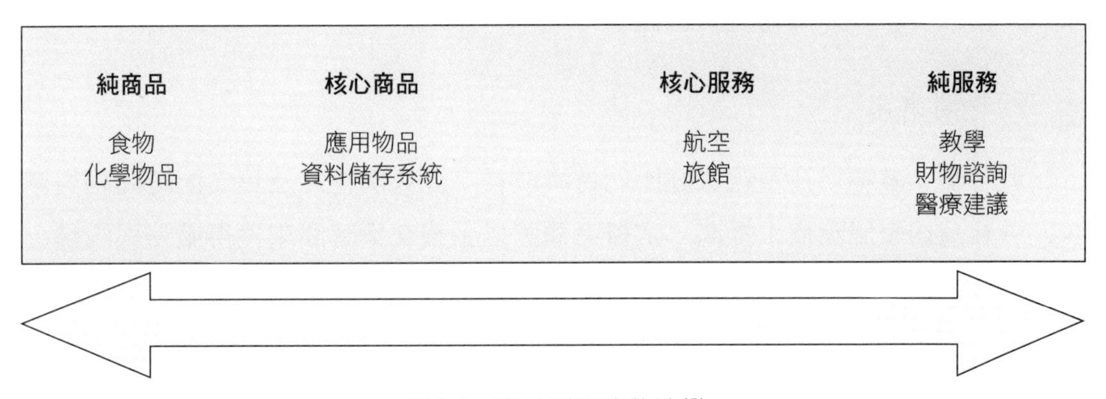

圖 1-1　商品到服務的演變

資料來源：Gustafsson and Johnson, 2003。

1. **純商品**（Pure Goods）

指自工廠生產之有形商品，且在包裝及儲存過程均無顧客涉入。如食品、化學產品及書籍等。

2. **核心商品**（Core Goods）

在其商品之中包括重要的服務元件。例如汽車製造商致力從「軟體」層面創造與競爭對手區隔之差異化優勢。

3. **核心服務**（Core Services）

如航空服務，服務的訴求在於班機準時到達，然而必須將相關之有形商品，如機上餐飲等與核心服務搭配，整併進入服務流程中。

4. **純服務**（Pure Services）

提供教學及顧問諮詢等無形商品之服務，服務提供的過程與顧客有直接互動。

從商品到服務之發展主要軌跡表現在：從以有形商品為主、無形服務為輔之組合，演化為以無形服務為主、有形商品退居配角之組合型態。競爭壓力迫使企業必須超越產品價值之較勁，各行各業傾向於創造服務價值以提高競爭優勢。

三、服務發展的驅動力

哪些因素促進了服務的發展？Gustafsson和Johnson（*2003*）提出促使產業由商品向服務驅進的原動力主要在於文化及經濟的變遷，包括四大驅動力：時間需求、科技進步、委外服務及對抗競爭。

㈠時間需求

隨著婦女就業以及單親家庭比例持續成長，個人購物以及可支配時間相對減少，外食及居家服務需求提高，消費者願意以金錢交換時間來獲得服務與經驗。

㈡科技進步

科技的進步使得「自我服務」可行性提高，在家進行線上購物、付款及投資等活動在益加複雜之生活中愈來愈普遍。

㈢委外服務

因應全球化之競爭，企業傾向於聚焦核心事業，非本身專業領域且無法達到

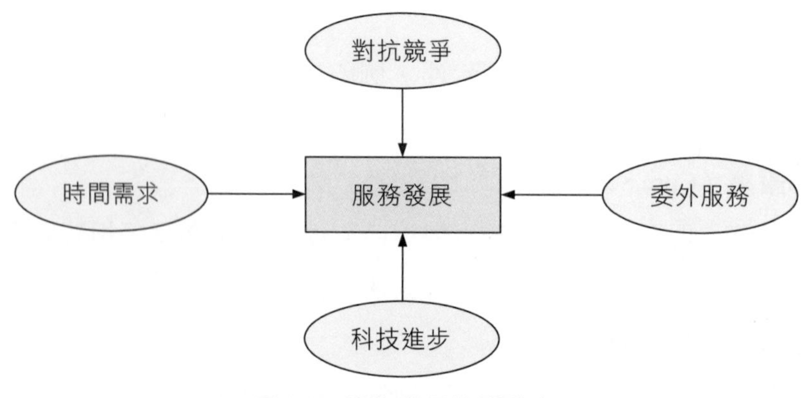

圖 2-2　服務發展的驅動力

資料來源：Gustafsson and Johnson, 2003。

成本效益之業務則以委外方式進行，這種趨勢促使專業服務提供者有更多發展空間。

㈣對抗競爭

競爭之發展趨勢由產品面向轉向服務面向，故而聚焦於服務之專業化發展隱然成為企業維持競爭力之必要且關鍵性課題。

第三節　服務業的消費者行為

所得提高、生活型態與家庭結構改變等社會因素，促使消費者對時間與金錢之支配模式不同於以往，消費者對服務之期望不同於以往對有形商品之期望。例如，許多創新性之服務係針對消費者時間不足之需求所發展出來，如宅配、寵物寄養、嬰兒看護、婚姻諮詢等。這些創新服務的提供在於解決那些以往由消費者自行處理，而現今由於可支配時間不足必須委外服務之工作。

此外，傳統服務業，如金融業與零售業等，則積極的在原有服務組合中增加附加服務，使購物更加便利、縮短交易時間及提供更好的購物感受與經驗。這些創新服務的發展反映了消費行為以及其決策模式有別於傳統以有形產品為主之消費模式，服務提供者必須了解消費者如何選擇與評估服務，才可進一步提供符合消費者期待之服務組合。

一、消費屬性

產品與服務在顧客之消費行為中究竟有何區別？經濟學家將產品與服務之屬性分為三類：

㈠搜尋性質

指消費者購買之前即可判斷之屬性，包含顏色、款式、價格、硬度與嗅覺等，搜尋性質高之商品有汽車、服飾、家具和珠寶等，購買之前幾乎可完全確定和評估其屬性。

㈡經驗性質

指消費者在購買後或正在消費時才能察覺之屬性，包含味覺和耐損度，經驗性質高之商品或服務如假期、餐點等，除非被購買並加以消費，否則無法評估其屬性。

㈢信用性質

指消費者即使在購買與消費後也難以評估之屬性，高信用性質之商品或服務如汽車修護及醫療診治等。

圖 1-3 顯示不同商品與服務類別之屬性傾向，以及其購買評估之難易程度。

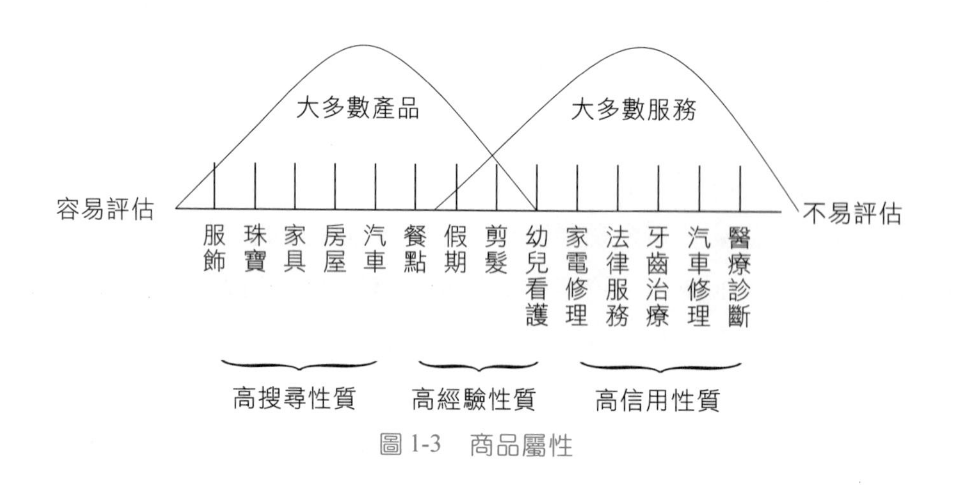

圖 1-3　商品屬性

從圖 1-3 觀之，高搜尋性質之產品最容易評估，高經驗性質之產品與服務較難以評估，因其需在消費者購買和消費之後才可加以評估；高信用性質之產品與服務最難評估，因為即使在消費後，消費者亦無法或缺乏足夠資訊或知識以評估其是否能滿足既定之需求或慾望。由於服務具備無形性、異質性及生產與消費不可分割性等特質，故一般而言，大部分產品落點於圖 1-3 評估難易尺規之左端，而大部分的服務則落點於評估難易尺規之右端，顯示服務相較於產品不易評估，此外，由於評估之困難，迫使消費者在衡量服務時必須仰賴更多的線索及較複雜之決策流程。「服務」主要係屬經驗和信用性質，而產品主要屬搜尋性質，因之消費者對於產品與服務有不同的評估及決策模式。

二、消費者決策過程

當消費者有需求必須滿足或是有問題需要尋求解決時，服務的需求隨即產生。為滿足服務需求，消費者將進行一連串的決策，包括：資訊搜尋、服務選項評估、購買與消費、購後評估。

㈠資訊搜尋

消費者搜尋服務提供之相關資訊，管道包括直接管道及間接管道，前者指自本人、朋友及專家等獲得之資訊；後者指自媒體獲得之資訊。其中，消費者較仰賴直接管道之資訊來源，原因在於媒體來源較能傳達有關搜尋性質之訊息，很少能傳達經驗性質，而藉朋友及專家等之見證與經驗，消費者常彷如親歷其境般獲得關於經驗性質之資訊。近年很多服務透過專家或使用者在電視廣告見證之行銷手法，即是想要運用這種方式進行經驗性質之傳達，以加強服務之行銷效果。

服務多屬高經驗性質，消費者在購買之前不易評估，因之品牌知名度較低之選項對消費者而言相對風險較高。當產品或服務之複雜度提高或評估之客觀標準減少時，個人之使用經驗相對而言具有較高影響力，使用者口碑對消費者進行服務選擇時之影響力由此可知，近年國內電視媒體廣告逐漸增加這方面之行銷應用。

此外，在購買決策過程之認知風險方面，服務明顯高於產品，因為服務是無形的、非標準化的，而且通常沒有售後保證或保固。其一，服務的無形性與高經驗性質意味著服務通常必須在比產品更少購買資訊的基礎下作決策；其二，由於服務非標準化，購買時很難確定其結果和影響；其三，服務通常無法提供保證或保固，當發現不滿意時服務已經消費；其四，服務常具高專業性或技術性，以致於一般消費者在消費服務之前或之後均不易依其經驗或知識背景對服務進行衡量。

㈡服務選項評估

由於產品與服務透過零售管道銷售之方式不同，消費者在進行服務選項時通常較產品選項少，原因在於：⑴購買服務時，消費者通常是進入只提供單一品牌服務的場所，如某家髮廊、銀行；但產品之銷售則通常可以在同一個零售店清楚的搜尋到數種同一品類之產品；(2)消費者不太可能在某一既定區域內找到超過一家以上提供相同服務之業者；(3)不容易獲得適當的關於服務的購買前資訊。

面對蒐集和評估經驗性質之任務，消費者常單純的選擇第一個可接受的選項，而不會去找尋很多選項，近年網路應用的普遍使得服務之選項有擴展之潛力。此外，服務之選項中常會有隱藏的對照選項，即為「自我服務」，尤其對於專業性相對較不高之服務，如房屋清潔、幼兒託護等服務，消費者經常會考量自我服務或委外服務，這隱藏著消費者通常對此類型之服務提供抱持較嚴苛標準，或是期望有較個人化之服務。

(三)購買與消費

1. 情緒因素之影響

服務是一種經驗，故而情緒因素對服務提供過程與服務滿意度具有相當影響。任何與人際互動有關之服務均依賴服務提供者、服務購買者以及同一時間接受服務之其他顧客之情緒。

(1)正面的情緒使顧客比較願意去參與有助於服務傳遞之行為。例如：一個好情緒之顧客將會願意遵循速食餐廳之規定自行端餐盤，較不計較服務之延遲或誤失。

(2)情緒將使顧客對服務接觸及對服務提供者的判斷產生偏差。情緒將強化服務經驗，使其較沒有情緒因素時更為正面或負面。例如：一個剛失去大客戶之銷售員在趕搭飛機時對於班機之延誤或擁擠，將較平常時日易於產生不滿；相反的，一個在舞會心情愉快之女士將會強化這種經驗，導致對服務場所有更高之評價。

(3)情緒將影響服務資訊的吸收與取出方式，當消費者在儲存服務的記憶時，其對服務接觸之感覺會成為記憶中不可分割之一部分。假若一個顧客在參觀健身中心時就覺得自己的身材很差，則這個負面的感覺將會被記憶下來，事後每次想到那個健身中心時，當時負面的感覺就會被回想起來。

服務行銷人員必須隨時觀照顧客之情緒，並且試著以正面的方式影響他們的情緒，培養正面的情緒，如高興、喜悅和滿足等；抑制負面情緒，如痛苦、生氣及挫折等。

2.服務演出

服務行銷人員將服務提供與戲劇比較，發現兩者之目標均為在顧客面前創造並維持良好形象，並且體認到達成目標之方法就是善加管理演員以及他們表演時之實體背景。當服務傳遞被想像成戲劇時，服務人員是演員、被服務之顧客是觀眾、服務的實體表徵是背景、服務的提供過程是表演。服務演員必須出席大多數的服務表演，他們在下列情況下重要性大增：(1)當個人的直接接觸程度增加（例如：醫院、餐廳）；(2)當服務需要重複接觸時；(3)當與顧客直接接觸之服務演員被授權決定服務性質與服務傳遞方式時（例如：教育、法律服務及醫療服務）。對服務傳遞有影響之實體表徵包括：服務場所之顏色與明亮度；音量與音調；空氣的味道、流通、清新度與溫度；空間配置；家具款式與舒適度；背景的設計與潔淨度。

假如將服務傳遞視為戲劇演出，則每個參與者都應扮演某一個角色，包括員工及顧客雙方，服務人員必須依據顧客之期望來擔綱演出角色，假若未成功扮演，顧客將感到挫折失望；相同的，顧客也需扮演好其角色，則整個服務演出才算成功。假若顧客了解或被事前清楚告知如何扮演適當角色，則其將可與服務提供者協同合作傳遞最佳化服務，則服務演出成功機率將大為提高。此外，服務演出之另一項成功關鍵因素在於「服務腳本」，服務腳本指一套按既定流程進行之行動、演員與實體，經由重複的涉入，來對顧客期望下定義。符合腳本就能滿足顧客，悖離腳本將導致顧客不滿意。

3.顧客之相容性

在服務場所中，其他接受服務的顧客的行為與相似性等因素將影響既定顧客之滿意程度，亦即，顧客之行為表現對其他現場顧客之經驗產生影響，如航空客運、教育、俱樂部及社會性組織等。

顧客間之不相容因素包括：信念、價值觀、經驗、外表、年齡、支付能力等之差異性。服務行銷人員必須預測、了解及處理那些潛在不相容且異質性之顧客。行銷人員亦可嘗試聚集同質性的顧客並且試圖強化這些族群之關係，如此可提高顧客轉換服務提供者之成本，強化忠誠度。顧客相容性對顧客滿意度有相當影響，尤其在接觸程度高之服務更加顯著。

㈣購後評估

1. 服務不滿意之因素

消費者對產品或服務不滿意之因素包括生產者、零售者以及顧客本身。對服務而言，顧客將服務不滿歸因於自我之機率高於產品，原因在於顧客在服務之生產與消費有較產品更高程度之涉入與參與，許多服務品質需依賴顧客提供服務接觸的資訊，亦即消費者必須適當的執行服務生產過程中某個角色。例如某位女士對於髮廊剪頭髮之服務不滿意，也許會責難髮型設計師技巧不夠，但也有可能歸咎於自己未將需求清楚表達，或是自己選錯設計師；醫生必須仰賴患者清楚描述身體狀況才能正確診斷。

2. 品牌忠誠

顧客對特定品牌服務之忠誠度依下述因素而定：轉換品牌之成本、有無替代品、與購買相關之認知風險、過去獲得滿意之程度。

由於服務資訊取得困難度較產品為高，故消費者較不易獲知其他品牌或替代品，加上服務具較高風險，服務品牌之轉換成本相對較產品之轉換成本為高，故而消費者在服務上，相較於產品，更有可能與特定服務提供者維持顧客關係。此外，消費者對於初次體驗滿意之服務通常會認為重複購買可以獲致最大滿意，認為成為老主顧將使服務提供者更進一步了解顧客偏好與品味，以至能持續提供更佳、更客製化之服務。

高品牌忠誠度對服務提供者自然成為優勢，但對其競爭對手則形成挑戰，如何誘導競爭者之顧客更換品牌，行銷人員一方面必須強調並展示競爭者所沒有的特點與優勢，另方面提供降低品牌轉換成本之方案來誘導顧客。近年手機門號業者即運用此策略，提供顧客免費轉換門號之選擇。

三、文化因素

文化係經歷不同世代的學習、共享與傳承累積而成的群體生活方式之表現，它是多面性的。文化對顧客評估和使用服務的方式有相當影響，所以文化因素是服務行銷中相當重要之構面。在企業全球化佈局中，企業經常從某一個國家取得服務之智識或技能，將之複製至另一個國家，亦即服務進行不同文化之跨國移植，這種情形將隨國際化潮流之蔓延益加普遍。

在此同時，愈來愈多國家正在發展多元文化，這使得文化因素對服務評估、購買及使用更加重要，文化因素在服務購買之決策過程每個階段都相當重要。與文化構面相關之要素包括：語言、價值觀與態度、風俗與習慣、物質文化、審美觀、教育與社會體制。成功的服務行銷人員必須對文化特別敏感，因為大部分的服務演出均涉及相當多之顧客接觸與互動，而每個顧客背後隱含著一個特定之文化背景。表 1-2 比較美日兩國不同文化背景下之服務型式，從中不難窺知兩種不同文化背景中，顧客對服務人員之不同期待。

表 1-2 服務經驗之文化差異

	日本文化	美國文化
真實性	店員表情、笑容、服務方式一致	店員獨立作業、處理上有較多變化
關懷性	對顧客關心是最重要的構面；顧客就是上帝	不太關心顧客；對顧客提問總是回答：「不知道」
控制性	傾向於將控制之利益交給顧客	認為控制顧客是重要的
禮　貌	非常重視對顧客禮貌；強烈要求服務人員為服務誤失道歉	不是很重視顧客禮貌
正式性	服務處理方式正經八百	服務處理方式非正式化
個人化	對顧客一視同仁	提供較個人化服務
迅速性	顧客重視購物服務之迅速性	顧客較期待與服務人員有愉快的談話，較不重視服務迅速性

問題討論

1. 簡述國內各階段產業發展重點。
2. 服務具有哪些特性？服務與有形商品之主要異同為何？
3. 簡述服務發展之驅動力。
4. 從消費者決策過程說明服務業之消費者行為。
5. 簡述或舉例說明文化因素對服務業消費者行為之影響。

第二章

服務行銷概論

本章概要

第一節　服務金三角
一、企業與顧客之間
二、服務提供者與顧客之間
三、公司與服務提供者之間
第二節　服務行銷組合
一、傳統行銷組合
二、服務行銷組合
第三節　服務文化
一、員工的角色
二、顧客的角色
三、顧客參與策略
四、服務文化

傳統行銷以有形產品為中心，行銷策略著重在產品、價格、通路及促銷，融合有形商品及無形服務之行銷策略延續傳統行銷策略之基本要素，另外因著服務之特性而衍生了其他相關要素，這些新行銷要素與服務品質及顧客滿意度有極高關連性。

第一節　服務金三角

服務金三角：

1. 企業：指公司的策略事業單位、部門或管理當局。
2. 顧客。
3. 服務提供者：指企業內任何提供服務給顧客的人。

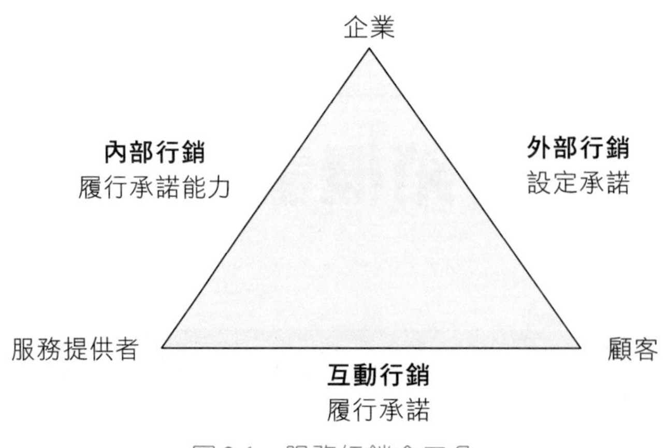

圖 2-1 服務行銷金三角

服務金三角的精神強調上述三個彼此相關且共同運作，以發展、提升及傳遞服務之群體。連結上述三個頂點的是三種型態之行銷，藉由這三種行銷活動實現成功的服務。這三種行銷活動包括：

一、企業與顧客之間：透過外部行銷來設定對顧客之承諾

透過外部行銷，企業對其顧客承諾他們所能期望之服務以及傳遞服務的方式。傳統的外部行銷包括廣告、銷售、定價策略及促銷活動等。然而在服務行銷中，外部行銷尚包括：服務人員、實體表徵、服務流程，以及服務保證與雙向溝通。企業應透過這些與顧客之外部溝通管道來設定一致性且切合實際之承諾，建立穩固的顧客關係。

服務創新時代這個層面的服務主要包括兩大議題：

㈠服務設計

包括自我服務、服務設計之改善、大量客製化、顧客忠誠度、服務知識化以建立顧客轉換障礙等。

㈡與顧客共同產出服務

包括與顧客共同生產之比例、在何處共同生產（如：自助加油、在iPod上自

行編輯音樂曲目、線上銀行）、顧客共同生產之動機（便利性、客製化、方便取得服務、準確性、主控性、速度）。

二、服務提供者與顧客之間：藉由互動行銷來履行對顧客之承諾

從顧客觀點來看，履行承諾是整個服務發展環節中最重要的部分。互動行銷發生在顧客與服務提供者互動，以及服務被生產與消費的關鍵時刻。每一次顧客與服務提供者的互動都攸關承諾履行之成敗，以及服務可靠性之檢驗。

服務創新時代這個層面的服務議題包括：強化服務提供者之角色（如：更高程度授權、激勵獎金、顧問諮詢）、以服務的精神解決問題、一對一互動行銷強化顧客關係等。

三、公司與服務提供者之間：以內部行銷激勵、強化服務提供者之承諾履行能力

此處內部行銷之精神係指提升履行承諾的能力建立在「顧客滿意與員工滿意高度相關」的前提之下。企業為履行承諾必須針對與顧客直接接觸之服務提供者予以激勵誘導，提高其服務績效，亦即，企業必須建立下列特性：對服務提供者提供絕對程度之支持、型塑服務文化、充分授權服務提供者。

除了服務金三角外，許多專家認為「科技」在所有服務層面扮演重要角色，因之主張服務金三角應該再增加科技一項，如圖2-2。服務行銷除了藉由服務提供者傳遞服務之外，常常也可藉由科技幫助服務的傳遞，甚至有些時候在服務傳遞過程顧客可能只與科技互動，因此顧客需要有以科技取得服務之動機、技巧與能力。

聯邦快遞曾被《商業週刊》（*Business Week*）列為全美最善於運用網路科技以提供顧客新服務之標竿企業之一，透過網路科技，顧客可以進入聯邦快遞的訂單接受、包裹追蹤及帳單處理系統。藉由這個系統，顧客可依照個別需要來選擇適合的服務組合。

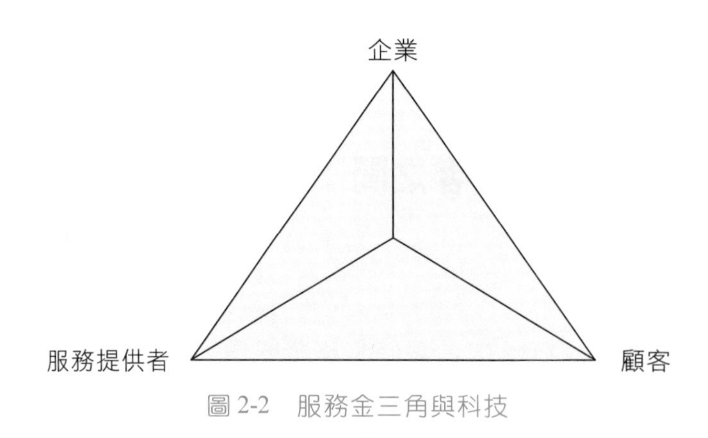

圖 2-2　服務金三角與科技

第二節　服務行銷組合

一、傳統行銷組合

行銷組合意指組織可控制並用以滿足或溝通顧客之要素。傳統行銷組合包含 4P，指產品（product）、價格（price）、通路（place）、以及促銷（promotion）。所有行銷計畫均以這四個要素為主要決策變數，所謂組合，意指四個變數之間相互關聯並有某種程度之相依性。在某特定時點之某一市場區隔中，此四個要素有一個最佳組合。

對服務行銷而言，傳統 4P，產品、價格、通路、以及促銷等也是優質服務的基本要素，然而，傳統 4P 策略應用至服務行銷時必須進行適度修正。例如：傳統行銷中促銷活動通常包括銷售、廣告及媒體報導等相關策略應用。對服務而言這些因素固然重要，然由於服務具備生產與消費同時發生之特性，所以服務提供者（店員、收票員、電話接聽人等）都可能參與促銷活動之現場，有時人員因素之重要性反而凌駕在傳統要素之上。

二、服務行銷組合

由於服務具有：生產與消費同時發生之特性，故顧客經常在服務製造現場出現，直接與服務人員互動，成為服務生產過程之一部分；服務是無形的，所以顧客會尋找有形之線索以協助其了解服務經驗之本質。這些事實讓服務行銷人員意識到必須採用有別於實體產品之行銷變數來與顧客溝通並滿足其需求。例如在餐飲業，其店面設計裝潢、服務人員外表與服務態度等都會影響顧客認知與經驗。根據上述，服務行銷組合除了傳統 4P 之外，另外加上人員（people）、實體表徵（physical evidence）及流程（process）等三項要素。

㈠人員

「人員」指參與服務傳遞並會影響顧客購買認知之人，包括服務現場中公司員工、正在交易之顧客、其他在服務現場之顧客。對顧客而言，所有參與服務傳遞的人員均可能提供關於服務品質的線索。這些人員之外表、衣著、談吐及態度等都會影響顧客對服務之認知。在某些情況下，顧客本身也成為影響服務傳遞及服務品質之因素。例如，正在接受健康照護之病患，其對照護人員規定之養生方式的遵從度將影響其所取得之服務。此外，顧客也將影響同一個服務場景之其他顧客，例如在球賽、訓練教室、演奏廳、餐廳、戲院等服務場所，顧客的表現極有可能提高或損害其他顧客之經驗。

㈡實體表徵

實體表徵指服務傳遞之環境，亦即公司與顧客互動之場所，以及其他有助於服務執行或溝通的有形要素，包括：提供服務之設備、招牌、名片、菜單，以及置放於服務現場之相關宣傳品等。當顧客對服務內涵無從判斷時，其所接觸到之實體表徵就成為很重要的服務品質線索，例如電信服務業者每月寄送之帳單對顧客對服務之感受有相當影響，因為一般的顧客很難接觸到電信機房的設備，以及其提供服務所用到之實體設施，但帳單印製品質、所提供之說明及廣告內容將直接影響顧客對服務之感受。

㈢流程

指服務的傳遞及操作系統，服務傳遞之實際程序、機制與活動流程。顧客所體驗之服務傳遞步驟或服務操作流程提供了服務評估之證據。

1. 複雜度

由於顧客經常參與服務傳遞過程，故而服務流程之複雜程度將影響顧客之服務評價，例如有些服務流程複雜，需要顧客進行一連串複雜且密集之活動才能完成整個服務流程，這種形式之服務經常嚇走顧客。

2. 標準化程度、授權程度、顧客化程度

新加坡航空及美國西南航空均為相當成功之服務模式，新加坡航空將市場鎖定在商務旅客以及如何滿足其個人化需求，其服務流程對個別旅客是高度客製化的，且員工被充分授權在需要時提供彈性化服務；西南航空定位在班次密集的國內短程飛行服務，不提供周邊服務及其他額外服務，服務流程簡化且效率化、標準化、低成本化。

第三節　服務文化

一、員工的角色

服務人員在創造顧客滿意和建立顧客關係方面扮演關鍵角色，許多持續獲得成功的公司其關鍵成功因素均指向「員工」，尤其是與顧客直接接觸的第一線員工。第一線服務人員負責了解顧客的需求並詮釋第一時間的顧客需要，對顧客滿意度有直接的影響。

㈠服務人員的重要性

企業之服務人員具備特質：

1. 本身即為服務

大多數的人員服務中（如：美容、兒童照料、清潔／保養、諮詢及法律服務等），接觸人員單獨提供整個服務，也就是說，提供物就是員工。

2. 在顧客眼中代表整個組織

即使接觸人員並沒有執行全部的服務，但在顧客的眼中他（她）仍然是公司的化身。因而他們的一言一行都能影響顧客對組織的認知。因此，即使員工不當班，但如果他們不夠專業或對顧客無禮，那麼顧客對於組織的認知也會受到損害。迪士尼公司堅持他們的員工在大眾面前隨時要維持他們在「前場」的態度和行為，只有在他們不當班的時間完全處於顧客看不見他們的地下休息室的「後場」時，才可以完全放鬆他們的行為。

3. 扮演行銷人員角色

由於第一線服務人員代表組織且會直接影響顧客滿意，因此他們扮演著行銷人員的角色，他們就是活廣告。銀行出納行員愈來愈常被要求去交叉銷售銀行的各種產品，改變了傳統銀行出納員固定功能的角色。

㈡服務人員的角色

對企業而言，服務人員中，尤其第一線服務人員係屬跨越組織內外之角色，他們將環境與組織內部營運相連結，這些人員在組織內通常技能程度與薪資均最低，例如：櫃檯人員、接單人員、總機人員、店員、卡車司機等；在某些產業第一線服務人員可能是高薪、高學歷之專業人士，例如醫生、律師、會計師、顧問師、建築師和老師等。

第一線服務人員經常必須承受高壓力，這些職位需要特別付出情感勞力、經常需要處理衝突，同時需要兼顧品質與生產力。

1. 情感勞力

情感勞力指除了身體的或智力的技能外，為傳遞高品質服務所需要的其他勞力。一般認為情感勞力應該表現在對顧客微笑、眼神接觸、展現誠摯興趣。對顧客的友善、禮貌、同理心及回應性都需要那些肩負組織責任的第一線員工來付出大量的情感勞力。從另外角度來看，第一線服務人員即使自己心情非常不好仍舊被期望在服務顧客時能夠擺個好臉色。

2. 衝突來源

第一線人員在工作中經常面臨人際的及組織間的衝突，若企業罔顧這些挫折或困惑，可能導致員工的壓力、不滿、服務能力低落。

第一線人員會感受到本身個性、傾向或價值觀與他們被要求去做的事之間存在著衝突。以美國這種高度重視平等及個人主義的社會來看，當他們無時無刻被要求遵照「顧客永遠是對的」這樣的服務律條時，服務工作者可能會感覺到自身角色的衝突。

當規則和標準不是以顧客為基礎來制訂，或當顧客有過度的需求時，員工就必須選擇是要遵守規則還是要滿足顧客的需求。這種情形最常發生在服務提供者必須依照順序服務顧客，或必須同時服務很多顧客的時候（如老師、藝人）。

除了時間的問題以外，不同的顧客可能偏好不同的服務傳遞方式。在同時服務很多顧客的情形下，要同時滿足異質顧客團體的全部需求經常是十分困難或是不可能的。這種衝突在任何大學課堂上都很容易看見，教師必須迎合各式各樣的期望以及對於教學方式與風格的不同偏好。例如有些學員喜歡做報告，還有其他人喜歡透過閱讀來學習；有些學生期待課堂上的氣氛是親密且開放的。

3. 品質／生產力的抵換

大多數的工作需要品質和數量的平衡。他們經常面臨著要做這兩者之間的抵換。研究指出，對於服務業來說，這些抵換比起製造業所面臨的情況還要困難，尤其在服務人員需要量身打造服務以滿足顧客需求的情形下，要同時追求顧客滿意和生產力的目標將特別困難。在這方面，「科技」提供相當程度的協助，其被運用來平衡品質和數量，增加服務人員的生產力，並且讓他們有時間提供高品質的服務給顧客。

㈢顧客導向的服務傳遞

了解顧客需求，並且已經依據需求完成服務設計之後，並非表示可以成功傳遞服務，企業需要發展策略組合以確保服務人員願意且能夠傳遞高品質的服務，並且能持續激勵其以顧客導向及服務精神去執行服務的傳遞。表 2-1 列示顧客導向之服務傳遞模式構面及各項要素。

表 2-1 顧客導向之服務傳遞模式

構面	雇用員工	發展員工	支援系統	留住員工
要素	・雇用具能力與服務精神之員工 ・扮演受歡迎的雇主	・提供技能訓練 ・授權員工 ・促進團隊合作	・衡量內部服務品質 ・提供支援設備與技術 ・發展服務導向之作業流程	・將員工融入企業願景 ・善待員工 ・獎勵績優員工

1. 雇用員工

愈來愈多的組織在招募員工時，除了注意應徵者的技術能力以外，還要評估他們的顧客及服務導向。

⑴雇用具能力與服務精神之員工

由於服務品質具有多重構面的性質——高品質的服務是可靠的、具回應性的、有同理心的——因此服務人員的甄選不能只依據服務才華。服務傾向——從事服務相關工作的興趣——它反映在對服務的態度以及對顧客與工作上其他人提供服務的導向。大多數的服務工作會吸引具有某一定程度之服務傾向的應徵者。研究指出，服務的有效性和具備服務導向的人格特質，例如：樂於助人、能關心別人及喜歡交際，是一個包含良好適應性、有人緣、具社交技能、以及願意遵守規則等要素的綜合特徵。

一個理想的徵選服務人員程序必須同時評估服務才華及服務傾向，如此才能雇用到在這兩個構面上水準很高的員工。因為工作性質不同，對服務才華與服務傾向的評估仍包含各種不同的測驗及面談方式，除了面談之外，很多公司也採用一些創新的方法來評估服務傾向和其他適合公司需要的人格特質。集體面談潛在的空服員，看看他們彼此如何互動。駕駛員的面談也是採取集體方式，以便評估他們的團隊工作技巧，因為這家公司認為對駕駛員來說這是一個遠比技術性技能更為重要的因素。

⑵扮演受歡迎的雇主

吸引最佳人才的一個方式是公司本身在某一特定產業或某一特定地區，被認為是最受喜愛的雇主。

其他能支持公司成為一個最受喜愛雇主的目標之策略包括提供廣泛的訓練、歷練及升遷的機會、良好的內部支援、吸引人的誘因。

2. 發展員工

一但組織雇用了正確的員工，接下來組織必須訓練他們且和他們一同工作，以確保服務績效。

⑴提供技能訓練

為了提供高品質的服務，員工需要持續訓練必要的技術性技能與知識，以及過程或互動的技巧。技術性的技能與知識之實例包括旅館的會計系統、零售店的收銀機程序、保險公司的承保程序，以及公司為經營事業所制定的任何作業規則。

這些技能可以透過正式的教育來傳授，技術性的技能經常透過在職訓練來教導，除了技術性技能與知識的訓練以外，服務人員還需要訓練互動性技能，以使他們能夠提供有禮貌、關懷、回應性和有同理心的服務。

東京帝國飯店的訓練課程

「能力發展計畫」包括「職業的能力與知識」（技術性技能）及「服務態度訓練」（互動性技能）等兩種訓練類型。第一種類型的訓練包括在職見習、在飯店的各個主要部門輪調實習、到其他國家的同級飯店訪問和考察，以及焦點研習團（例如帝國飯店的資深服務員和調酒師可能三年一次到加州和法國的著名釀酒廠參觀）。除此之外，員工透過一些獨立的教育機構取得特定主題的專門技能訓練，範圍從管理策略決策到食品衛生到簡報技巧。

訓練的第二部分「服務態度訓練」著重在和客人接觸的禮節、心理學以及服務態度。合宜的禮節是透過角色扮演和錄影帶教學方式（批判外表、怪癖及個人特質）來教導。特別著重及展示的要點在員工對飯店賓客的表現方式，並且強調清潔、適度的優雅，以及好品味。顧客心理學也同樣被討論，特別強調下面六個重點：

1. 帝國飯店的顧客，鑑於這家飯店的等級和聲望，期待你會把他們列為最重要的優先考量、成為你注意力的中心。
2. 顧客在飯店裡不希望遭受任何一種損失。
3. 顧客期望以溫馨、歡迎的方式被接待。

4.顧客不希望得到比提供給飯店內其他賓客的待遇還要差的待遇水準。

5.顧客希望體驗一種他應享有的聲望與優越感覺，單純由於他們惠顧了一家公認的豪華大飯店。

6.顧客喜歡一種擁有飯店設施及服務的感覺，並且期待受到獨特的注意。

非言語溝通和肢體語言的基本原則也被加以討論。此外還給予適當行為的展示和詳細解釋，例如包括：臉部表情、外表和站立姿勢；交談及儀態上令人喜愛、吸引人的方法；適當的姿勢；以及在飯店各處護送賓客的禮節。

歡迎客人的鞠躬禮是15度角，感謝禮是30度角，道歉禮是從完全站直而彎成45度角。受訓人員被教導大約 25 種每日常用的措辭，並且學習這些措辭的最敬語及其在英文上的對等用語。

並不是只有第一線人員才需要這種結合服務技巧與互動性的訓練。支援人員、主管人員以及經理人員也需接受服務訓練。

北歐航空公司的高階主管開始施行服務訓練，之後將訓練擴展到整個組織的中低階管理人員及接觸員工，給予每個人共同的服務願景和展望。

⑵授權員工

許多組織發現，為能真正回應顧客的需求，有必要賦予第一線員工權力與能力去因應顧客的要求，以及當事情出錯時能當場補救疏失。賦予權能（empowerment）指的是給予員工意願、技能、工具和權力去服務顧客。雖然賦予權能的關鍵在於給予員工權力來為顧客利益作決策，但只有權力是不夠的。員工需要具備知識和工具才有能力作決策，也需要提供誘因以鼓勵他們作正確的決策。

如果妥善實行的話，賦予權能便能發揮作用，首先，大多數的服務工作者不想當機器人，喜歡服務別人，也樂意決定如何把它做得最好。太多的規定和規則手冊會讓員工喘不過氣，也可能限制他們的判斷能力。另一個賦予權能的純正標記是將決策權下放給組織的低層員工，並鼓勵員工去思考和判斷。

⑶促進團隊合作

許多服務工作的本質意味著當員工以團隊方式時顧客滿意能被提高。因為服務工作經常有挫折感、繁瑣、具挑戰性，因此團隊工作的環境能幫助員工緩和壓力和緊張。員工如果感覺受到支持或在背後有個團隊支持他們，那麼他們就比較能維持熱情和提供高品質的服務。

藉由促進團隊工作，組織能夠提供員工傳遞卓越服務的能力，而此同時，友情和支持能強化員工成為優秀的服務提供者。

團隊目標和獎賞也能促進團隊工作。當獎賞是給予團隊的所有成員，而不是所有的獎賞都是基於個人成就或績效時，團隊努力和團隊精神就會受到鼓勵。並不是每一個人都能同樣適應團隊工作，也不是每一個人都知道如何在團隊中工作。

3.支援系統

若沒有以顧客為焦點的內部支援和顧客導向系統，不論員工多麼想要傳遞高品質的服務，幾乎是無法達成的。

⑴衡量內部服務品質

衡量及獎賞內部服務是鼓勵支持性的內部服務關係的一個辦法。透過稽核，組織能夠指出他們的顧客、測定顧客的需求、衡量執行績效，並且從事改善工作。

⑵提供支援設備與技術

假如員工沒有正確的設備可以使用，或者這些設備對他們沒有用，他們會很容易對傳遞高品質服務的熱望感到挫折。為了讓工作有效能且有效率，服務人員需要正確的設備與技術。例如某些企業想要達成特定的服務導向目標，需促進團隊工作和管理人員間開放且經常性的溝通，於是辦公環境的設計就使用開放式的空間來鼓勵集會，以及在辦公室使用內部窗戶，以鼓勵經常性的互動。這樣的工作空間可促進內部的服務導向。

⑶發展服務導向之作業流程

內部程序必須支援高品質服務的執行。美國銀行某分行之支票存款交易在以前需要 64 個活動、9 種表格，以及 14 個帳目。經過重新設計之後只需要 25 個活動、2 種表格，和 2 個項目。經過流程再造之後，效率提升、成本降低、顧客滿意提高，並且獲得更大的利潤成長。

許多公司的內部流程受到官僚式的規則、傳統、成本效率或是內部員工的需求所箝制，因此，要提供服務導向和顧客導向的內部程序，就意味著需要完全重新設計系統。

4.留住員工

員工的流動，特別是表現最好的服務人員離開了公司，對於顧客滿意、員工士氣和整體服務品質來說是非常不利的。

⑴將員工融入企業願景

專責服務傳遞的人員必須了解他們工作如何和組織目標相配合。員工在某種程度上可以藉由薪資和福利獲得激勵，但是假如最好的員工無法致力於組織的願景，他們就會被其他的機會吸引。因之，公司必須經常與員工溝通願景，而且由公司的高階主管，通常是公司的總裁或執行長來溝通。一些受人尊敬的企業總裁或執行長，如西南航空公司 Herb Kelleher、星巴克的 Howard Schultz、聯邦快遞的 Fred Smith、Marriott 飯店的 Bill Marriott 和 AT&T 的 Michael Armstrong，都是以能夠經常清楚地向員工溝通公司的願景而聞名。

⑵善待員工

假如員工感受到自己有價值而且自己的需求也受到重視，他們就比較有可能留在公司。許多公司早已採行員工也是公司顧客的觀念，並認為基本的行銷策略也可以適用於他們。組織提供給員工的產品就是他們的工作（與各種福利），以及工作生涯的品質。為了要測定員工的工作和工作生涯需求是否被滿足，組織應該從事定期的內部行銷研究來評估員工的滿意與需求。

除了基本的內部研究以外，組織還可以應用其他的行銷策略來管理他們的員工。比方說，對員工人口的區隔，在許多現行的彈性福利計畫和生涯路徑選擇中非常明顯。因為並非所有的員工都是同質的，而且他們的需求也會隨著時間而變化，所以員工需要不同的保險、工作安排和家庭需要。組織如能滿足特定員工區隔的需求，並能隨員工生涯的發展而做調整，將會獲得更大的員工忠誠。

⑶獎勵績優員工

企業應該建立獎賞及擢升制度以留住優秀員工，但獎賞系統可能重視生產力、數量、銷售額，或是某些其他和良好服務可能背道而馳的構面。假如他們的努力未能被察覺和獎賞的話，長久以往，即便是那些能自我激勵以傳遞高服務品質的服務工作者，在某些時候也可能感到失望並開始找尋其他工作機會。或者，他們可能會停止提供高水準的服務，失望沮喪造就其只願意提供一般標準的服務水準。獎賞制度必須連結公司的願景和營運目標。例如，當顧客保留被認為是重要指標時，提高顧客保留的服務行為就必須受到注意及獎勵。

為了追求顧客導向與顧客滿意，組織已經轉向各種不同的獎賞方式。傳統的獎勵方式如：調薪、升遷、金錢獎勵或獎品。現今企業發展出另類作法，例如：

鼓勵員工相互表揚；因完成顧客滿意改善或達成顧客保留目標而舉辦公司性或團隊性的特別慶祝活動。研究指出，當獎賞被認為和提供服務及品質給顧客是一致時，第一線員工會感受到較小的角色壓力和較高的工作滿意，員工想要提供好的服務，而當他們因為這麼做而得到獎賞時，他們會感到快樂。

二、顧客的角色

在服務傳遞中，顧客通常以某種程度參與，服務最終的結果是員工、顧客以及在服務環境中之其他人員彼此互動後的產出。因之，顧客與服務組織的流程是密不可分的，而且顧客的參與通常也影響顧客滿意度。

㈠接受服務的顧客

顧客在服務中的參與程度大致可分為三種程度：

1. 低度參與

指服務的性質僅需顧客本人在場，所有的服務產出作業均由公司員工執行。例如參加音樂會的觀眾一旦入座後即完全接受表演者及演奏廳提供之服務。

2. 中度參與

指服務的性質需要顧客的投入以幫助服務產出。例如健康檢查需要顧客配合在前一天禁食。

3. 高度參與

指服務的性質需要顧客共同建立服務產品。對這些服務而言，顧客扮演必要的生產角色，若沒有扮演好角色將會影響服務結果。所有型式的健康維護與教育訓練均屬此種型態。

表 2-2 列示三種不同服務型態之顧客參與，顧客參與之有效性將影響服務的產出，最終則將影響服務品質與顧客滿意度。

㈡其他顧客

在許多服務場合，顧客與其他顧客同時接受服務，「其他顧客」出現在服務環境中，會影響服務結果，其有可能提升或減損顧客滿意和品質知覺。

表 2-2　不同服務型態之顧客參與

參與程度	低度 （服務傳遞時僅需顧客在場）	中度 （服務產出需要顧客投入）	高度 （顧客共同建立服務產品）
特性	・產品標準化 ・即使無顧客購買照常營業 ・顧客唯一需投入的為付款	・顧客投入產出一個標準化服務 ・有人購買才提供服務 ・顧客投入資訊或物資等是必要的	・顧客積極參與 ・有購買與積極參與才能建立服務 ・顧客投入是強制性的且共同建立結果
服務範例	旅館住宿 航空旅遊 速食餐廳 綠化維護服務 員工制服清洗服務	理髮服務 健康檢查 貨物運輸 薪資發放服務	減重計畫 婚姻諮詢 管理顧問 架設網站 教育訓練

1. 負面影響

表現破壞性的行為、造成耽擱、過度使用、過分擁擠，和呈現出不相容的需求。這些並非服務提供者直接造成的錯誤，但顧客卻會因此感到失望！

(1)在餐廳、旅館、飛機上以及其他接受服務時顧客極為靠近之環境中，哭泣的小孩、抽煙的客人和大聲喧嚷且不守秩序的顧客具有破壞性且妨礙其他顧客的經驗。

(2)過度要求的顧客儘管獲得了滿足，卻損及其他人受服務的權利，這種情形經常發生在銀行、郵局和零售商店的顧客服務櫃檯。

(3)過分擁擠或服務的過度使用也會影響到顧客經驗的本質：在特別假日參觀旅遊景點所獲得的服務經驗勢必與平時有所不同；電信服務的品質會在特別的節日，如聖誕節和母親節等節日，極有可能無法獲得與平時等值之服務。

(4)同時接受服務但有不相容需求的顧客會彼此負面影響：這種情形發生在餐廳、大學課堂、醫院和任何多重區隔同時被服務的場所。

2. 正面影響

⑴在健康俱樂部、教堂和渡假中心，其他顧客提供社會化和建立友誼的機會。

⑵長期的既有顧客可能經由教導新顧客有關服務之事以及如何有效使用服務而和他們結交成朋友。如教育訓練、團體輔導和減肥課程，顧客可能會真正彼此幫助以達成服務目標和結果。

⑶顧客藉由排隊等待服務時友善的對談、拍照、協助小孩和交還掉落或遺失的物品而增加了其他顧客的滿意度。

⑷在很多服務場合，其他快樂顧客的出現很有可能創造了一個能提升觀光地點樂趣的愉悅氣氛。

㈢顧客角色

服務業的顧客至少扮演兩種角色：生產性資源及服務品質與滿意度的貢獻者。

1. 生產性資源

服務業的顧客常被稱為組織的「半個員工」，指對組織的生產能力有貢獻的人力資源。某些管理專家建議組織的範圍應擴大到考慮把顧客當成服務系統的一部分。換句話說，假如顧客貢獻心力、時間或其他資源在服務生產過程上，他應該被當成是組織的一部分。

對某些組織而言，顧客參與服務生產可能引起某些問題。因為顧客會影響到服務生產的質與量，因此一些專家覺得為了降低顧客可能帶給生產過程的不確定性，傳遞系統應該儘可能和顧客投入相隔絕，任何不需要顧客接觸或參與的服務活動應該排除由顧客來執行。顧客與服務生產系統的直接接觸愈少，則該系統愈能以較高效率運作。

銀行業中自動提款機和自動化顧客服務電話專線的引進都是降低該產業內直接顧客接觸的例子，其結果是更大效率和降低成本。以往銀行員工慣常在顧客面前所做的例行性工作也已經移到後台的位置，遠離了顧客的視線。

其他專家則認為假如顧客被視為半個員工，且他們的參與性角色能被設計來使他們在服務建立的過程中作出貢獻，那麼服務將可被最有效的傳遞。假如顧客能學習去執行他們現在沒有做的服務相關活動，或能被教育來更有效的執行他們已經在做的工作，那麼組織的生產力就可以提高。自動化結帳檯和物品自動掃描是在零售店內演變出來的創新，藉由這種方式，顧客可以使用手持式掃描器來掃描自己選購的商品，並自行攜帶帳單到收銀台付款。這種作法就是把顧客當作一種資源來增加組織的生產力。

2. 服務品質與滿意度的貢獻者

顧客在服務傳遞時可以扮演的另一個角色，就是對他們自己的滿意度和對他們所收受的最終服務品質能有所貢獻。顧客或許並不關心組織的生產力由於他們的參與而提高，但是他們應該較關切服務提供者是否滿足他們的需求並創造顧客價值。

研究報告指出，認為自己在服務過程中善盡本分的顧客會對服務比較滿意。有效的顧客參與可以增加需求被滿足以及顧客追求的利益能被達成的可能性。例如：病人在服處方藥以及改變飲食或其他習慣的順從，是對於病人能否回復健康的相當重要因素；在教育訓練活動中，學員能否積極參與，包括主動提問或與他學員間互動，將影響整個活動最終品質。

有些顧客單純的享受服務傳遞的參與，這些顧客視服務參與具有吸引力。他喜歡使用網路來購買機票、透過自動提款機提款及購買旅行支票、以自動化電話系統執行銀行業務、到加油站自助加油。對於自我服務的態度某些顧客係為了享受價格優惠，有些顧客則為了便利性，或者是對服務結果以及服務傳遞之主導與控制感。

三、顧客參與策略

顧客在服務過程的參與程度和參與方式是一項足以影響組織生產力、服務定位、服務品質以及顧客滿意度的策略性決策，新世代的服務觀念強調企業在服務傳遞過程有效融入顧客的策略。

㈠界定顧客參與程度

在發展顧客參與策略時，需先界定顧客以何種型態參與，也就是先界定顧客的工作。界定顧客工作之前應先指認顧客目前參與程度，參考表 2-2 不同服務型態之顧客參與。確定顧客參與之現況後，接著要以組織之立場擬定未來顧客之角色定位：

1. 維持目前參與程度，但加強參與效果

企業認為目前的顧客參與程度令人滿意，但想要使其參與更加有效。

2. 提高顧客參與程度

需要重新定位顧客眼中之服務。下列情況下較高度之顧客參與是適當的策略性考量：

⑴當服務生產和傳遞不能分開時。

⑵當行銷利益（交叉銷售、忠誠度建立）能夠藉由與顧客的現場接觸而提高時。

⑶當顧客可以補充員工所提供的勞力與資訊時。

3. 降低顧客參與程度

組織可能由於顧客參與會造成不確定性而決定降低顧客參與的程度。在這種情形下，應採取的策略是排除其他次要的工作，僅留下較重要的工作，並儘可能使顧客遠離服務設施和員工。郵購是這類型服務的一個極端例子。顧客透過電話或網路來和組織接觸，卻從未看過組織的設施，並很少與員工互動。因此顧客的角色相當有限，並且很少涉入服務傳遞過程。

㈡界定顧客工作

1. 幫助自己

組織透過積極的參與來提高服務傳遞中顧客涉入的程度，顧客成為一種生產性資源，執行以前由員工或其他人所從事的服務工作。在健康中心、投資公司等類型服務中顧客需要執行特定的工作來實現他的角色，其結果通常會增加企業的生產力或提高顧客價值、品質及滿意。

2. 幫助他人

有時候顧客被引導或邀請去幫助正在體驗同一服務的其他人。許多會員式組織（如健康俱樂部、教堂、社會性組織）經常非正式的依賴目前的會員來幫助引導新進會員，並使他們感覺受到歡迎。執行這類型角色時顧客的滿意和保留率提高。

3. 促銷服務

服務業顧客在決定要選擇哪一個服務提供者時會大幅仰賴口碑背書，從某些實際體驗過相同服務的人得到推薦會比單獨依靠廣告讓他們更加安心。從親朋好友、同僚或甚至相識的人所得到的正面推薦能為正面的服務經驗鋪路。許多服務組織已經相當有創意的讓他們的現有顧客成為服務促銷者或推銷員。

4.注意個別差異

在界定顧客工作時，需考量到並非每一顧客有相同參與意願。某些顧客喜歡自助式服務；其他人則偏好享受商家完整的服務。在處理銀行業務時，某些顧客可能較喜歡透過出納員來完成所有的交易；而另外一些顧客則偏好使用自動提款機和透過按鍵式電話處理銀行業務。

在健康醫療中，某些病人需要大量資訊，並且想要參與他們自身的診斷和治療決策；某些病患則希望單純的聽從醫生指示。儘管現今很多顧客服務和購物選擇都可透過網際網路來完成，但仍有大量的顧客喜歡人員間高接觸的服務傳遞，排斥自助式的服務。

由於這些偏好上的差異，大多數企業需要為不同的市場區隔提供服務傳遞的選擇。積極型企業試圖針對不同偏好之顧客量身定作不同服務組合，投其所好。例如：銀行通常提供自助服務和高度接觸的人員服務兩種選項。另一個角度來看，假若企業知悉顧客對參與其服務傳遞之不同認知後，想要將企業資源鎖定在願意參與的顧客區隔，則其可以透過事先要求顧客涉入的服務設計來有效排除不願參與之顧客區隔。

㈢招募正確顧客

企業應尋求並吸引可能會對企業設計顧客涉入之角色具良好適應能力的顧客。為達此目的，必須在廣告、人員銷售和其他公司訊息中清楚傳達它所期望的角色和責任。藉由事先檢視在服務過程中需要他們扮演的角色，顧客可以自我篩選是否加入這個服務關係中。為了吸引願意且已做好準備去執行他們角色的顧客，所期望的參與程度需要清楚的加以溝通。例如：看護中心可能會提供多樣化的選項給家庭，從不必要現場參與到每天都參與。

㈣訓練顧客

顧客需要被教育以便他們有效的執行他們的角色。透過這個社會化過程，服務業顧客才可能增加對特定組織價值的認同，發展在特定服務場合中需要的能力，了解企業對他們的期望，並獲得與員工及其他顧客互動的技巧和知識。顧客教育計畫可以使用正式的引導方案、提供給顧客的書面資料、在服務環境中的指引線索和牌示，以及經由員工或其他顧客來學習等方式予以呈現。

1. 提供「顧客引導」計畫來幫助顧客在體驗服務之前了解他們的角色和期待。商業瘦身機構 Weight Watchers 公司藉由引導、小冊子，以及食物和運動表格清楚的界定了會員的責任並使其計畫容易依循。
2. 透過描述顧客角色與責任的書面資料和顧客「手冊」來實現。許多醫院發展「病人手冊」來描述進醫院前病人應該準備什麼、病人抵達時會發生什麼事，以及有關探病時間和付款手續的政策。這本小冊子甚至可能會描述家庭成員的角色和責任。
3. 正式訓練和書面資料通常會在顧客經歷服務之前提供，但在顧客經歷服務的過程也可以運用其他策略來延續他們的社會化過程。例如在服務現場顧客需要兩種型態的引導：⑴地點引導（我現在所在位置？我如何從此地到彼地？）⑵功能引導（這個組織如何運作？我應該要做什麼？）。商家可以運用牌示、服務設施的佈置和其他的引導協助提供顧客這些問題的答案，協助他們更有效地執行自己的角色。
4. 引導協助也可以採取制訂規則的方式來界定顧客在安全（升降機、健康俱樂部）、適當穿著（餐廳、娛樂場所）和噪音程度（旅館、教室、戲院、音樂廳）等各方面的行為。在音樂表演之前，許多舉辦單位會由司儀宣布配合事項，包括表演過程中嚴禁攝影拍照、行動電話關機或設定為震動模式、單一表演進行中不得離席或進場。

㈤獎勵顧客的貢獻

想要藉由顧客參與來加強顧客滿意度及服務品質之企業應該為有效執行角色或主動參與之顧客建立獎勵機制。企業應讓顧客清楚知道他們可能因參與而獲得的利益，也應該了解並非所有顧客皆適用相同獎賞方式。例如某些人可能比較期望便利的增加和時間的節省，但某些人則可能偏好金錢的節省，另外也有人尋求對服務結果的更高主導與控制。

㈥管理顧客組合

針對與顧客直接接觸之服務現場，商家應發展適當的顧客組合策略以管理同時間接受相同服務體驗的不同顧客族群。例如：愈來愈多的高級餐廳及連鎖咖啡店區分吸煙者和不吸煙者；某家餐廳選擇在晚餐時段服務兩個彼此不相容區隔的顧客群——想要去參加聚會的單身大學生和有小孩跟隨想要安靜的家庭，若沒有適當的管理這兩個族群可能無法良好相處。商家可能以地理位置將兩個族群區隔，避免它們之間互動與衝突。

1. 相容性管理

管理多重且可能衝突的顧客區隔的過程稱為相容性管理，其意涵為：先吸引異質的消費者到服務現場，然後積極的管理實體環境與顧客對顧客的接觸，提升滿意的接觸，並把不滿意的接觸最小化的一種過程。相容性管理對某些企業特別重要，如健康俱樂部、大眾運輸、醫院等，但對其他企業重要性相對低。表 2-3 列舉七項服務企業的相互關聯特性，這些特性會增加相容管理的重要性。

2. 管理多重的區隔

透過定位和區隔化策略來吸引同質性的顧客團體是高級服務業經常採行之策略。麗緻一卡爾頓飯店目標顧客定位在上層顧客，並向市場溝通宣達這個定位，顧客自我篩揀進入這家飯店。另外，麗緻一卡爾頓飯店還運用第二種策略來進行上層顧客之相容性管理。麗緻一卡爾頓飯店將會議和大型團體活動所使用的地區和個別商務旅客使用的地區加以劃分。睡覺的房間也應該儘可能的以相同考量來分配。

四、服務文化

服務文化的定義：「一個重視優良服務的文化，在這個文化之下，每一個人都認為傳遞優良服務給內部顧客及最終的外部顧客是一種自然的生活方式和最重要的規範之一。」

表 2-3 提高相容性管理重要性的服務特性

特性	解釋	例子
顧客之間彼此身體相當接近	當顧客身體相當接近時，他們會更常彼此注意且受到對方的行為影響。	・航空旅行 ・娛樂活動 ・運動競賽
顧客之間有言語互動	顧客之間的言語互動會影響服務的滿意度。	・全服務餐廳 ・雞尾酒會 ・教育場合
顧客從事多種不同活動	當一個服務設施支撐各種同時進行的不同活動時，這些活動可能並不相容。	・圖書館 ・健康俱樂部 ・渡假飯店
服務環境吸引異質顧客組合	許多服務環境會吸引各種不同的顧客區隔，尤其是那些開放給大眾的環境。	・公園 ・大眾運輸 ・大專院校
核心服務是相容的	核心服務在於安排並培養顧客間的相容關係。	・團體瘦身計畫 ・心理健康支持團體
顧客有時必須等待服務	排隊等待服務會令人煩躁焦慮。厭煩或壓力會因其他顧客而增加或減少，端視他們的相容性而定。	・醫療診所 ・旅遊名勝 ・餐廳
顧客彼此需要共享時間、空間或服務器具	在很多服務場合，需要共享空間、時間和其他服務，但假如區隔之間對分享或對彼此感覺不安，或當共享的需要因容量有限而增強時。	・高爾夫球場 ・醫院 ・飛機

(一)服務文化的意涵

1. 假如能「重視優良服務」，就會存在服務文化。這並不表示公司需要有廣告活動來強調服務的重要性，而是員工潛意識的認知到優良的服務是被欣賞及重視的。
2. 優良的服務應該同時提供給內部顧客和外部顧客。僅對外部顧客承諾提供優良服務是不夠的，所有企業內部的員工也應獲得相同的服務。

3. 在服務文化中，優良的服務是一種生活方式，應該自然形成，因為它是企業的一個重要規範。

㈡發展服務文化

要建立及維持服務文化，需要的是數以百計重要的小事件，而不是僅僅一件或兩件大事。成功企業如AT&T、Yellow運輸系統、IBM全球服務和全錄公司，他們都花費好幾年的努力才建立服務文化，使企業自傳統營運模式成功轉型。同樣的，那些一開始就有堅強服務文化公司，如聯邦快遞、迪士尼、麗緻飯店等，仍然需要持續注意數以百計的服務細節才能維持公司好不容易建立之服務文化。

在服務文化的傳輸方面，很多企業試圖透過國際化的擴張來傳輸服務文化其實是非常具挑戰性的，因為雖然國際市場存在很多機會，但也存在許多法律、文化及語言上的障礙，對於需要依賴人際互動的服務來說，這些障礙益加明顯。

問題討論

1. 服務金三角何指？簡述連結金三角之行銷活動。
2. 服務行銷組合係由傳統行銷組合外加哪些要素？試分述之。
3. 試從顧客參與程度說明顧客在服務傳遞之角色。
4. 試從顧客參與程度之界定說明顧客參與策略。
5. 說明服務文化之意涵。

第三章
顧客關係管理

本章概要

第一節　行銷思潮的演進
第二節　顧客關係管理之意涵
第三節　關係行銷
一、保留策略之基礎
二、保留策略之執行
三、顧客的篩選
第四節　顧客關係管理之應用
一、資料探勘
二、網頁型探勘
三、網頁型調查
四、虛擬客服中心

民生消費市場的發展自五、六十年代的生產者與品牌導向（brands and manufactures dominate）、七十年代的零售通路導向（retailers dominate），至八十年代演變為消費者導向（consumer dominate），「顧客」成為企業經營的核心要角。位處行銷多元化及全球化之競爭環境，傳統以價格戰及產品組合來攻城掠地、爭取市場占有率的經營策略恐難續保經營優勢，以行銷為導向的企業逐漸意識到市場及顧客資訊對行銷策略之影響，這些企業也多半認知到無論企業是否直接面對終端消費者，只要位居產業供應鏈之環節中，如何加強與客戶關係，以穩定甚至拓展現有市場與客源，已經成為企業首要之務。

有鑑於此，國內企業近年除積極拓展與深化和上、下游合作夥伴的關係，強化供應鏈管理外，較前瞻的企業更進一步探討如何藉由顧客層面的操作來運作行銷活動，為經營加分、搶得先機。因之，顧客關係管理（Customer Relationship Management, CRM）成為現今企業營運的重要課題。

第一節　行銷思潮的演進

隨著經濟成長與產業蛻變，商業活動也在不同階段展現不同風貌。1960 年代國內商業活動以供給者為主導，透過自動化技術大量生產，滿足生活物資需求，技術的訴求在以自動化生產設備大量製造廉價商品。1975 年代愈多製造者加入生產行列，競爭的壓力激發出品質的概念，為求在大量生產的低利潤商場勝出，品質的差異化成為利基所在，「品牌」成為品質的標章，此時期品質管制、全面品管（TQM）是企業追求勝出的核心技術。

1980 年代起隨著製造自動化的發展，「大眾行銷」蔚為風潮，企業在顧客需求一致的假設下，一視同仁對待每一位顧客，此時的行銷策略重心在市場占有率的提升。當此之時，國內食品製造業龍頭統一企業在 1979 年以全省 14 家便利商店同時開幕的創舉開啟統一集團的零售通路，更重要的是，同時也為國內零售業的連鎖化揭開序曲，國內商業活動開啟嶄新的一頁。零售業連鎖化挑戰傳統雜貨業的經營型態，資訊及通訊技術的應用為零售業提供既快速且精準的商品銷售分析，零售業者可以針對數以千計的商品進行單品管理，充分掌握商品銷售狀況，連帶的也掌握了消費者的喜好與需求，運用這些即時訊息推動行銷活動。

至此，「顧客行為」開始受到提供商品及服務者之重視。然而，此階段顧客關係的建立大部分仍僅限於「大眾」或「分眾」的群組，而且也以比較被動的方式維繫，供應商關注的焦點仍圍繞在「商品」的管理面，因之他們積極導入條碼、POS、EDI 等系統來強化商品及銷售的管理，以即早掌握暢、滯銷品，並開始運用貨架管理、自動補貨及品類管理來加速商品週轉、降低存貨、提高坪效。

1995 年代以後，隨著網際網路技術的成熟以及應用，商業環境的競爭愈來愈激烈，成功模式的複製亦愈來愈容易。網際網路的應用，一方面使得企業對個人的行銷成本以及企業進入此經營模式之門檻降低，另方面由於資訊化普及，資訊透明化的結果使得消費者可以輕易的取得商品價格等資訊，顧客流動率大增，企業在此倍速的競爭中欲建立對手無法超越之競爭優勢，如何穩住並挖掘客源成為刻不容緩之務。

更重要的是，供應商在這時期除了覺悟到供應鏈夥伴協調溝通的時機已到，致力於供應鏈的整合外，另一方面，早已受到重視、卻一直受限於技術而難以施展的「需求鏈」管理，則因電子商務、一對一行銷等工具的出現，使得需求鏈的管理出現了更多的可能。透過CRM、E-Commerce等系統的運用，使得一對一行銷的商機成為業者極力開發、潛藏無限商機的新市場。

無疑的，這個階段的商業活動中，「顧客成分」的重要性急遽竄升，受到賣方的重視程度也持續普及化及深化。CRM的核心概念在強調組織能否永續成長端視其能否和顧客發展並且維持真誠的關係，這個觀念已被愈來愈多前瞻業者所採納。

策略大師Prahalad（*2000*）在HBR發表提出：「企業最大的競爭優勢不是來自於產能或銷售能力，而是來自於顧客」；Kolter（*2000*）更直接指出CRM將成為當代行銷主流之一。「顧客至上」、「以客為尊」將不只是口號，而是企業應該奉為圭臬的經營指標。目前全球前幾大知名金融服務業及通訊業皆已導入CRM，甚至屬低交易金額的民生用品產業亦已趕上這一波 CRM 之風潮。

一項 1996 年 Roper Starch Worldwide 調查的結果顯示，貨物分類及陳列的方式不合理就會使顧客困擾；如果他們覺得排隊等結帳的人太多，就會轉身離去。Kathleen Seiders 指出，對顧客而言，到零售店購物的方便性，指的是購物的速度及簡易程度。零售商之所以能創下優良業績，就是因為他們了解顧客的觀點，而且比顧客想得更周全。他們把到零售店購物當作一項整體性的經驗，由許多獨立但互有關聯的部分所組成。他從四個構面探討如何加強零售商之顧客服務，包括：接觸的便利（access convenience）、搜尋的便利（search convenience）、擁有的便利（possession convenience）以及交易的便利（transaction convenience）。

Kathleen Seiders 認為：「零售商若能創造『接觸』、『搜尋』、『擁有』及『交易』的便利，並且將其交互運用，就能規劃出提升便利的策略，以維持和顧客間的長期關係，提升自身競爭力。」

第二節　顧客關係管理之意涵

企業經營者可能經常被以下問題困擾著：

人海茫茫，我的客戶在哪裡？
如何保有既有客戶及創造新客戶？
如何重新找回流失客戶？
客戶有哪些特質與習性？
行銷費用昂貴，但成效有限？
如何提升客戶的購買率與購買量？
如何主動提供給客戶個人化的服務？

此外，他們通常缺乏下面的認知：

企業8成收入來自2成客戶
企業能從交易最多的2成客戶身上賺到錢
企業能從現在客戶身上獲取9成營收
96%的不滿意客戶不會主動抱怨
平均有2%客戶升級就能使獲利增加5成到一倍
大部分企業的行銷預算都花錯地方
提高顧客保留率5%可提升企業利潤85%
將產品向新客戶推銷成功的機會只有15%；但向曾交易過的客戶推銷成功的機會有50%。
若補救得當，70%的不滿意顧客仍會繼續與公司往來。

根據調查統計資料，開發一個新客戶的成本是維護一個既有客戶的五倍；一位不滿意的客戶會將不滿意告訴8到10人。因此，CRM的訴求概念主要源自於開發新客戶的不易，以及維持舊客戶的重要性。而CRM之運作理念即在於藉助科技力量提供有意義且精準之資訊，使企業能針對每一客戶的需求提供適當的商品或服務，避免無價值之行銷浪費、提高行銷績效，達到客製化的一對一行銷。如此一來在同時兼顧舊客戶的滿足及新客戶的吸引下，可同時達到留住舊客戶與開拓新客戶之行銷目的，而反應在銷售成績上的，則為客戶滿意度、忠誠度以及貢獻度等重要績效指標。

在企業實務作業面，顧客關係管理可以進一步區分為二個層級，第一個層級是CRM提供予企業員工更周密、更便利的客服資訊，至於如何服務與決策需加上人為判斷，例如電話客服中心（call center）的服務人員透過資訊系統很容易得知所服務客戶是貴賓級（VIP），卻又惡言相向；行銷企劃人員可能對客服系統分析的結果作出錯誤解讀或誤判……，如此 CRM 系統提供的服務就大打折扣。

雖然，惡言相向、錯誤解讀、誤判或許僅為特例，但不可否認這種型態的CRM系統多處於被動、輔助角色，自然會有偏頗的服務發生。倘若整個服務判斷準則及程序是由人決定後，全程交由資訊系統負責，則此時的CRM系統就化被動為主動，依據預設的條件進行互動運作，主動提供給客戶建議與服務，如此客戶服務受人為影響的情形便會降低。此時CRM提高到第二個層級，即所謂的eCRM。

・CRM 之定義

企業透過持續性有意義且個人化的溝通來了解和影響顧客行動，以達到增加新客戶、防止舊客戶流失、提高顧客忠誠度及貢獻度的目的。CRM運作終極目的即為達到客製化的「一對一行銷」，透過客製化的服務來提高顧客忠誠度。

第三節　關係行銷

關係行銷本質上代表行銷焦點從「交易」轉移到「關係」，顧客變成夥伴，服務提供者必須做出長期性承諾以品質、服務及創新來維持這些關係。關係行銷為一種企業經營哲學與策略，著重於保留並改善現有顧客關係，而非取得新顧客。此種思維模式假定顧客在尋求價值上偏愛與一個組織維持持續不斷的關係，而非在服務提供者之間不斷作轉換。以這個假定為基礎，同時根據：留住一個現有顧客比吸引一個新顧客所需支付之成本相對較低之事實，服務行銷人員乃積極發展保留顧客之有效策略。

關係行銷的主要目標：建立及維持對公司具有獲利性的忠誠顧客群。欲達此目標，必須「吸引」、「保留」及「提升」顧客關係。首先，公司必須吸引可能成為長期關係的顧客，透過市場區隔化找到企業目標市場，建立持久的顧客關係；當這些關係維持且成長到某個程度之後，忠誠顧客的口碑往往可以幫助吸引具有類似關係潛力的新顧客。

此外，當企業吸引顧客且與之建立關係之後，若企業可持續提供一致性之高品質產品與服務，則顧客將較有可能與公司保持這個關係；再者，假若顧客感受到公司了解其需求的改變，而且願意不斷改善與發展服務組合以經營雙方關係，則顧客將較不易轉移至競爭者；最後，忠誠顧客長時間向公司惠顧，若公司不斷發展符合顧客價值，且可創造顧客價值之創新服務組合，則這些忠誠顧客將可獲得提升，他們將會成為更好的顧客。忠誠顧客不僅是企業營運支柱，他們很可能代表著公司的成長潛力，成長的幅度依企業可提升這些忠誠顧客的程度而定。

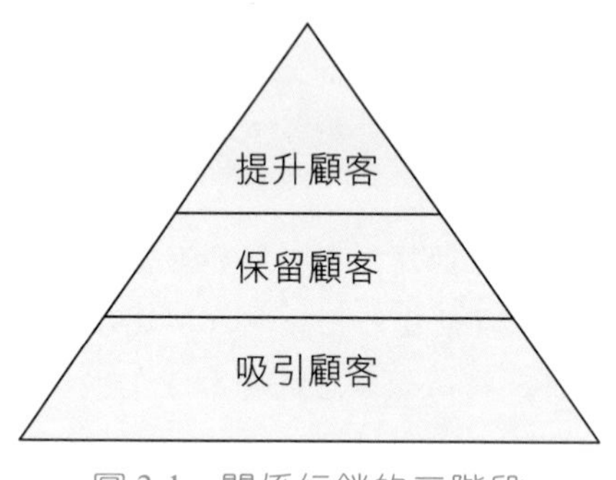

圖 3-1 關係行銷的三階段

一、保留策略之基礎

企業推行關係行銷關鍵點在於如何保留已經吸引到的顧客，在執行保留策略之前必須具備三個基礎：高品質的核心服務、正確的市場區隔及目標市場選擇、持續性的監控關係。具備這些基礎才有可能短期內留住顧客，而長期的保留顧客則需執行更強有力的策略。

㈠高品質的核心服務

除非有堅實的服務品質及顧客滿意作後盾，否則保留策略難以獲得長期性成功。這並非意味公司服務水準必得在同業中最好的，或是世界級的，但卻一定得是具競爭力的，且經常勝過同業的，所有為服務設定保留策略必須是以服務品質具有競爭力為前提，為劣質的服務設定保留策略是無意義的。

㈡正確的區隔市場及選擇目標市場

市場區隔化的意涵在於：了解及界定誰是組織想要與之建立關係的人。服務企業之兩種極端服務模式：

其一：只擁有少數顧客，但每一個都很重要，針對每個顧客提供個人化服務，甚至發展個別化行銷計畫。例如：廣告設計、訴訟服務、新產品發表會、企業代訓等。

其二：提供同一種服務給所有可能顧客，假設他們的期望、需求及偏好等都是同質性。例如：電力或瓦斯等均屬標準化行銷手法。

大部分的行銷服務介於上述兩種極端模式中間，提供不同服務給不同顧客群，企業必須區隔並選擇目標市場。表 3-1 為服務的市場區隔與目標市場選擇步驟。

表 3-1　服務的市場區隔與目標市場選擇步驟

步驟一	步驟二	步驟三	步驟四	步驟五
指認區隔市場之基礎	描繪市場區隔輪廓	衡量市場區隔之價值	選擇目標區隔	確保市場區隔之相容性

1. 指認區隔市場之基礎

市場區隔係集合具有共同特性之顧客所形成之組合，這些特性的組合必須對服務的設計、傳遞促銷或定價具有相當程度意義。常見的市場區隔基礎包括：人口統計區隔、地理區隔、心理區隔，以及行為區隔。指認區隔可以基於這些特性中的一個或多個組合。舉例來說何嘉仁美語可能以年齡所決定之人口統計區隔來推出美語教學之服務組合，包括適合學齡前階段之國際幼兒課程、7 到 12 歲小學階段之菁英美語課程：強調完整文法訓練、適合國中階段之國中英語課程，以及專為成人設計之成人外語課程。每階段視顧客之需要及程度，外籍教師與華籍教師之搭配組合有所不同。

表 3-2　市場區隔化之基礎

人口統計區隔	地理區隔	心理區隔	行為區隔
年齡、性別、家庭規模、所得、職業、宗教信仰	國籍、居住縣市鄉鎮、都會或鄉下	社會階級、生活型態、人格特徵	知識、態度、對服務之反應

2. 描繪市場區隔輪廓

區隔基礎指認之後需進一步描繪區隔之輪廓。在消費市場這些輪廓通常包含人口統計特徵、心理或服務使用反應之區隔，關鍵在於確認每一個區隔的輪廓是否有所不同及如何不同。

3. 衡量市場區隔之價值

顧客區隔存在並非意味公司必定可以選擇其作為目標市場，必須進一步衡量其市場價值。區隔的規模及購買力是必備之衡量指標，公司據此方能確認是否值得投資。此外，選定的區隔必須是可接近的，亦即行銷工具可觸及這些區隔中之顧客。

4. 選擇目標區隔

企業行銷人員需為其提供的服務選擇一個或一個以上之目標區隔，選擇之判斷依據除前述市場價值之衡量外，尚需考量：

(1)區隔之市場規模是否夠大？

(2)預測成長空間。

(3)競爭性分析：目前及潛在競爭者分析、替代性產品及服務分析、購買者及供應商之相對力量。

⑷目標區隔是否和公司目標及資源配置一致？

5. 確保區隔之相容性

服務市場區隔之相容性其重要度明顯高於產品，服務行銷人員必須確認顧客之間彼此可以相容，以免負面的影響到彼此之經驗，並損及企業。例如，許多餐廳在某特定淡季期間進行促銷活動，如此可能同時間需服務被折扣吸引來的家庭以及這段時間主要顧客群——大學生，而這兩個客群可能同質性相當低，無法相容。這種情況下餐廳若無法適當的將這兩個客群區隔，避免其直接互動，則將有可能造成雙方不滿之經驗，不僅無法達到促銷效果，還有可能影響到餐廳形象及未來營運。

㈢監視關係

關係行銷必須以長期性之關係品質監督與評估為基礎，「年度顧客關係調查」屬於基本且必備之調查研究，調查範圍應包括：現有顧客對服務價值與品質之滿意度、對服務提供者相對於其競爭者的滿意等認知程度，此外，企業也應透過人員或電話定期與最佳顧客溝通。處於競爭市場除非顧客獲得基本水準的品質和價值，否則要留住顧客將困難重重。

二、保留策略之執行

具備了前述關係行銷之基礎，企業可進一步擬定顧客保留策略並予徹底執行。圖 3-2 為顧客保留策略之架構，其主要精神強調顧客保留可發生在不同層次，且每一個接續的策略層次由於持久性競爭利益潛力隨之增加，導致更高層次之關係連結，而將顧客與公司連結得更緊密。

㈠財務性連結

1. 價格策略

顧客透過財務誘因與企業連結，例如：買愈多愈便宜、提供長期顧客較優惠價格、航空公司之常客飛行里程計畫等，運用提供數量折扣和其他價格誘因來維

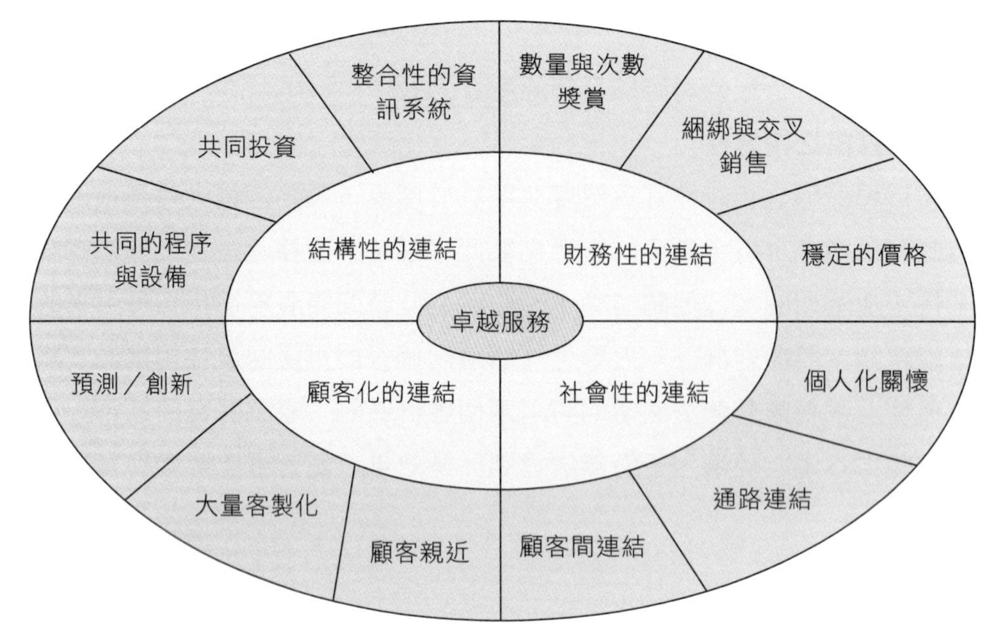

圖 3-2　顧客保留策略之架構

持市占率，取得一群忠誠顧客。這些財務誘因計畫擴散的理由之一在於容易加入，且經常可以產生短期性利益。然而，財務誘因常常無法產生長期性利益，因為儘管價格和其他財務誘因對大部分顧客是重要的，但是競爭者易於模仿，故而除非與其他關係策略結合，否則長期而言單憑財務誘因無法使公司與其他競爭者區別。例如許多顧客同時使用多張信用卡消費，享受各家信用卡公司或賣家提供之財務誘因，但是他們會毫不猶豫地隨著商家提供之優惠差異而在商家或信用卡之間進行轉換。

2. 服務綑綁

服務綑綁指將價格之財務誘因與其他財務誘因結合，提供優惠的套裝式或選項式服務組合。例如航空公司將其常客飛行里程獎賞計畫與旅館連鎖業、汽車租賃業等連結，顧客藉由贏得航空里程點數來與其他公司的服務作連結，可享有更大的財務利益。以此類型財務誘因獎賞顧客忠誠度的方案已被廣泛採用，由於其相當容易模仿，在執行上必須相當謹慎。來自顧客之任何新增加的使用率或忠誠度可能只是短期現象，除非能導致真正重複或增加使用，而非作為吸引新顧客的手段，卻導向其在競爭者之間作永無止境之轉換。這些策略能否長期奏效的關鍵點在於是否能讓顧客從服務中獲取更高之價值。

㈡社會性連結

社會性連結指透過社會的人際連結來建立長期顧客關係。服務被顧客化以迎合個別需求，行銷人員試圖找尋與顧客聯繫的方式，與顧客發展社會性連結。社會性連結可以透過下列方式進行：

1. 個人化關懷

專業性服務提供者與個人照護提供者，如律師、會計師、專業顧問、個人照護等，可將顧客職業、興趣等個人資訊帶進服務過程之談話中，與顧客建立社會性連結。

2. 通路連結

大型企業透過其遍布各地之經銷系統與顧客產生社會性連結，強有力的經銷商不僅與顧客維持良好互動，更有可能成為區域性商業領導者，熱心的投入社區活動且與社區居民住在一起，長期建立之關係與商譽強化了社會性連結。

3. 顧客間連結

在健身俱樂部、才藝訓練所等組織中，經常可以透過良好氣氛的營造促進顧客間密切之互動，這種顧客互動形成的正向循環使顧客間由於共同興趣嗜好緊密結合，這種社會關係是維繫他們免於轉換到另一個組織的重要因素。這種關係不僅將顧客彼此連結，也會把他們和原始提供服務之企業更緊密連結。社會性連結較財務性連結不易模仿，若能與財務性連結結合，社會性連結將更有成效。

㈢顧客化連結

經常被運用在顧客化連結的關係行銷手法有大量客製化與顧客親近，這兩個策略同時意味著顧客忠誠度能藉由熟悉個別顧客及發展適合個別顧需求的「一對一」解決方式來加以提升。

標竿型服務企業大部分極重視以顧客化連結維持並深化顧客關係，進而保留顧客。許多企業投資相當多的資源在建置顧客資訊系統，系統中不僅建立完整的顧客消費資訊，更可以藉由顧客資料分析預測顧客需求，對於日用品提供自動補貨服務或訂貨提醒，經由一定時間之分析了解掌握顧客偏好，提供愈來愈貼心之服務。此外，可以藉由與顧客緊密的連結預測新服務之需求，與顧客建立更堅實的關係。

以美國Streamline公司為例，這家公司專門提供個別顧客食品雜貨、藥品及辦公用品宅配到府服務，藉由顧客資訊系統，公司逐漸了解顧客之訂貨及購買型態，可以預測何時顧客需要再追訂特定商品，在顧客忘記時主動提醒，並且永遠在找尋更能進一步提供顧客價值之創新服務，如鞋子修補與鮮花配送等。藉由了解顧客、提供個別化服務以迎合其需要，並不斷預測對新服務之需求，與現有顧客建立堅實的關係。

㈣結構性連結

結構性連結是最難以模仿的，包含顧客與公司間之結構性的、財務的、社會的及顧客化的連結。結構性連結的建立是藉由提供經過設計而能融入客戶之服務傳遞系統的服務。建立結構性連結經常被應用以提供客製化服務，且這些服務大多以科技為基礎，能協助顧客提高生產力。

結構性連結之應用案例：

1. UPS 與顧客之結構性連結

UPS 快遞服務藉由提供免費電腦給顧客，除了方便顧客儲存送件地址與送件資料、列印郵件標籤之外，藉由系統的連結，企業可節省時間並更有效的追蹤每天的運送紀錄，強化與顧客之連結。

2. 醫院供應商與醫院之結構性連結

A 公司為美國醫院之供應商，其發展出「醫院專用之貨台結構」，到達某一特定醫院之所有貨品都以收縮膜封包並貼上標籤方便驗收，針對個別醫院之倉儲系統使用不同裝貨平台，以便貨品到達時即已裝在被設計來適合個別醫院分派到各單位之貨台上。A 公司已結構性的將其與超過 150 家美國急症照護醫院連結，預估這個連結系統幫助顧客平均每年節省 50 萬美元以上之成本。

三、評估顧客

「顧客永遠是對的」不可侵犯的企業教條對關係行銷而言並非全然正確！關

係行銷著重在保留長期顧客並提升其貢獻度，但並非意指要極力留住每一個顧客。在行銷資源有限的前提下，在某些情況下與某些顧客不再維持關係也許對公司較有利，也就是並非所有的顧客關係皆有利。

長期而言，某些顧客對企業是無利可圖的，包括：

1. 有些顧客區隔即使其需求可由公司提供之服務來滿足，但對公司而言卻無利可圖。可能原因：區隔內沒有足夠顧客數量以使行銷手法獲利、區隔內之顧客無能力支付服務成本、區隔內之預期營收無法支撐開辦及維持該項服務之成本。
2. 公司為了某些特定考量與信用不佳或高風險之特定顧客建立關係將不會有利。例如，銀行及信用卡公司應謹慎避開與過去信用不佳之顧客往來、租車公司應了解與記錄顧客之駕駛紀錄，拒絕租車給高風險之駕駛。
3. 避免與經常耗費額外服務時間之顧客建立關係，因為時間也是成本。在銀行、零售店有時會出現某些顧客提出過分之要求、占用過多服務時間，企業應建立機制將這些顧客排除，以剔除不必要之服務成本。
4. 在企業對企業的服務關係中，有些企業客戶由於繁複且無建設性的溝通、過度的資訊要求，以及其他額外的耗時活動等，耗費公司大量資源，除了法律服務等知識性服務業之外，其他一般性服務業中這些成本都是額外溢加的，無法向顧客額外收費。以會議室租借服務為例，租借會議室的公司可能是溝通效率高且只提出合理要求，也有可能很難溝通且經常改變或增加要求，面對這兩種顧客租金收入一樣但成本卻顯然有所不同。

企業想要達到有效的顧客關係管理，必須經常進行顧客滿意度調查，藉由調查結果將顧客依據「顧客滿意度」以及「對企業實際貢獻的營收」（已經支付的產品與服務費用）兩個關鍵因素進行分析，對顧客進行分類，俾針對不同類型顧客展開不同的行銷策略。圖 3-3 為顧客分析結果之參考圖，將顧客區分為「模範顧客」、「成長顧客」、「風險顧客」以及「危險顧客」。

1. 模範顧客：指顧客滿意度及實際貢獻營收均高之理想型顧客。
2. 成長顧客：屬滿意度高，但目前貢獻度仍有成長空間之顧客，針對此類型顧客應該展開交叉銷售（cross-selling）或升級銷售（up-selling）。
3. 風險顧客：屬滿意度偏低但目前營收貢獻度高之顧客群，針對此類型顧客

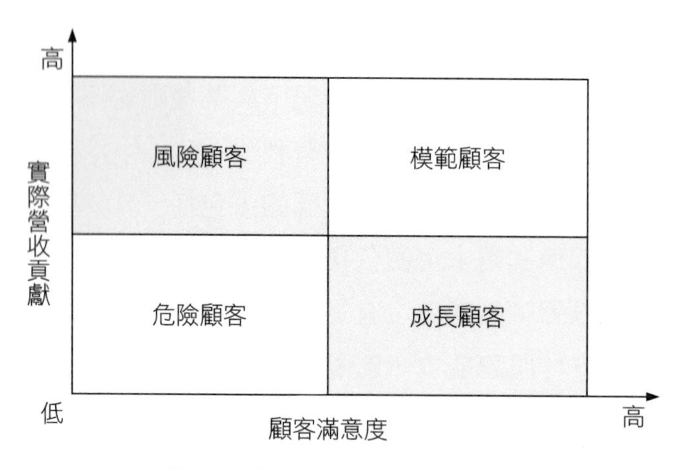

圖 3-3　顧客分析結果之參考圖

公司應立即採取決定性措施，否則顧客極易流失。

4. 危險顧客：屬滿意度及貢獻度均偏低之顧客，針對此型顧客公司應儘速決定採取措施挽回或予以放棄。

第四節　顧客關係管理之應用

拜網際網路之賜，行銷對象之訴求得以從「分眾」、「小眾」行銷進一步聚焦，「一對一行銷」成為網路行銷的新商機，雖然網路泡沫之疑雲一度讓網路行銷之熱衷者緩步，然而成功案例的誘惑在不景氣中似不時的提醒企業網路商機的各種可能，因之，國內企業在「一對一行銷」的潮流中對於網路行銷的投入應該是積極中多一份謹慎。

一對一行銷運用技術：

一、資料探勘（Data Mining）

彙集所有客戶的歷史交易資料建置成整合性資料倉儲（data warehouse），再運用多層面、多維度的方式進行分析，找出相關模式，從中了解客戶的族群屬性及消費偏好，並進一步分析潛在消費，分析出的訊息如：客戶貢獻度群組；客戶興趣、偏好群組；顧客買了包子之後，有 58%機率會買香煙；有 75%的顧客買了開喜烏龍茶也會買青箭口香糖；顧客買了領帶之後接著買網球拍；美國中年男子在購物中心常將啤酒與尿布一起購買……運用此方式探勘出潛在商機，再配合其他分析出的結果推出對應的行銷企劃專案，如對於忠誠度高族群可以推出舊車換新車活動，對於低忠誠度族群則推出累積點數等優惠活動。

二、網頁型探勘（Web Mining）

網頁型探勘的原理為：行銷人員事先設定行銷優惠條件，當網友上網瀏覽達成預設條件時，螢幕上會自動出現行銷訊息，由於精確掌握客群，推銷成功機率高。

以旅遊服務網站為例，企劃人員事先與普吉島某一飯店談成 100 名八折住宿的優惠方案，接著在旅遊網站上設定條件：如果有網友連續在「海島休閒」屬性的網頁（如沙巴、摩里西斯、夏威夷、馬爾地夫、普吉島、關島等）上停留超過 20 分鐘，或者連續點選 10 頁以上的「南洋小島」屬性網頁，網站會自動向此網友推撥（push）一個訊息：「普吉島飯店住宿八折優惠 100 名」。當網友瀏覽到此條件成立時，自然會看見這個針對其專屬蹦現的優惠訊息，表示網站了解到該網友的旅遊偏好（偏好海島旅遊），因此投其所好自動提供優惠訊息。

這種行銷方式不僅可以精確的針對目標客群進行一對一行銷，在確定客戶有一定偏好、需要及動機時，才給予適當的提示與服務，行銷成功率高。並且不會干擾到偏好歐洲或美西旅遊的網友之瀏覽程序，畢竟動不動就有不相干的廣告視窗蹦現，瀏覽的舒適性大受影響，網友在不堪其擾之下，索性關閉所有視窗，甚至連主網站也放空瀏覽！

知名且具標竿性的網路書店 Amazon 網站的網頁廣告可能與一般大眾廣告無異，但是當顧客瀏覽自己有興趣的書籍網頁、CD網頁後，在網路結帳前就會出現與顧客取向接近的廣告，而推介的規則也由 Amazon 網站的行銷人員制訂，根據當次登入後的瀏覽紀錄作為推薦標準。

Web Mining 與 Data Mining 主要差異

1. Data Mining是以歷史消費紀錄作為分析依據；Web Mining則是以網友的瀏覽紀錄作為分析依據，如此可比Data Mining更能掌握興趣、偏好與動機，特別是較為理性之消費者不輕易表露需要與偏好，而且要達一定條件與動機才會消費，若以Data Mining分析，交易紀錄有限，分析之深入程度及對客戶了解度也較有限，此時追蹤其瀏覽網頁反而較為理想。
2. Data Mining是依據已完成之分析結果訂定行銷活動，可事先進行模擬，直到最接近預期目標才定案實施；Web Mining則是預先訂好行銷活動與規則，因為對網友客戶尚未有充分了解掌握，不易事先推估成效，所以多採有資源限度的行銷活動，如限時間或限名額等方式實施。不過多次實施後漸掌握歷史資料，可以此作活動修正，提高活動成效與服務準確度。

網頁型探勘尚可進一步發揮其他功能，例如大多數網友有一定查詢與瀏覽程序，當網站偵測出某網友持續在某一區域網頁反覆瀏覽時，可能意味著他有些疑問在此網頁上找不到滿意答案，因此在他認為可能有答案的網頁中反覆搜尋，此時網頁型探勘可運用自動蹦現方式，提供適當的指引，如「How to buy」之類的入門指引。若是屬於已購買產品或服務的客戶甚至是 VIP 客戶，當碰到網頁瀏覽困惑時，為提升服務品質，可要求服務人員主動蹦現關懷訊息，如「請問是否有需效勞之處？」之類的問候，如此可提高客戶滿意度，促成更多交易。

三、網頁型調查（Web Survey）

網頁型調查的原理與網頁型探勘相同，著眼於了解顧客的訴求，並回應該訴求，提供服務或強化行銷。舉例說明，當顧客瀏覽 A 電腦公司網站，進入產品網頁，瀏覽P型伺服主機的相關網頁，當顧客瀏覽此相關網頁達一定時間或頁數時，該網站主動蹦現出一個子視窗，請求瀏覽者協助填寫線上問卷，詢問顧客為何要瀏覽 P 型伺服主機的網頁，是為採買評估？還是為找尋支援與服務？或者純為研究？……？經過一段時間調查統計後，發現「支援與服務」是顧客上此網站主要訴求，此時企業可作出決策：持續強化此方面網頁內容，或是反過來思考補強其他功能服務的網頁。因為畢竟現階段企業投資於網頁服務人力及預算都很有限，如果透過網頁型調查了解到顧客已滿足於現有銷售人員的服務，需要經由網頁獲得的服務有限，則表示該企業無需投入太多資源於加強網頁的服務。

網頁型調查與網頁型探勘都是在網友有一定傾向及偏好時才出現，一為無形追蹤了解取向，另一則為有形主動詢問需求，兩者搭配運用有助於企業更快速、更深入的了解客戶，也對於尚未進行任何一筆交易、還在猶豫的客戶提供體貼的售前服務。想像當消費者一直在音響區徘徊時，業務員湊過去推介解說時，現場因直接面對而造成的尷尬與不自在，而這種面對面的窘境在網頁型調查及網頁型探勘的場景中是不可能出現的，這正是網頁型調查及網頁型探勘的獨到之處，對售前、售後之支援等服務皆可提供協助。

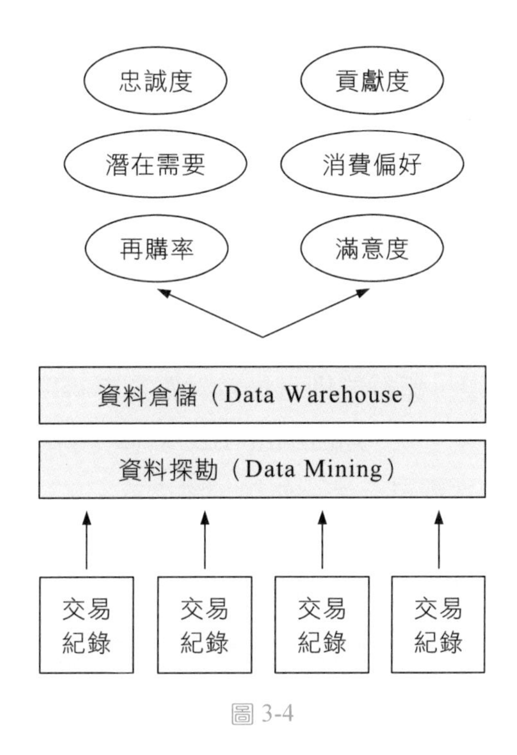

圖 3-4

四、虛擬客服中心（Virtual Call Center）

許多國外網站提供文字傳訊的線上服務，而「線上即時傳訊」是在遠端有實際的服務人員與顧客對話，至多服務人員手邊有FAQ（常見問答集）與客戶相關資料來輔助問答，因此這只能稱得上實體call center的數位化翻版，只是將語音改為數位文字，終究仍以人為操作服務居多，稱不上是 eCRM。然而，這種服務方式已逐漸無法滿足顧客需要，主要因為服務人員有固定上班時間，若要在上班時段外持續提供線上服務，公司必得有編列輪班預算。但隨著企業全球化營運的需要以及消費者隨時隨地上網際網路的習慣，對於沒有24小時的全天候線上即時傳訊服務是難以接受的。

針對這個問題有些跨國性企業開始運用時差方式來填補服務的缺口，其作法為：假若台灣的客服人員已經下班，但印度或中東的跨國分公司仍在營業，資訊系統會自動將顧客詢問的訊息移至最接近的跨國單位來處理代答，顧客無法感受到遠端服務人員是在何處提供服務，對他而言，接受到的服務與之前並無兩樣，這種服務方式稱之為虛擬客服中心，只要能提供同品質、同反應速度的應答，服務人員所在地並不具意義。當然，這種服務可能有語言的障礙要克服。

企業運用CRM技術之前需先就企業所屬行業別及客戶群進行評估。以百貨業為例，其客戶群恐尚有許多未接觸過網頁，若貿然導入 eCRM，其所能服務客群將非常有限；銀行業也有很多相同之處，因目前行動上網尚未普及，客戶仍以電話尋求金融服務居多，此時導入 eCRM 之成效也是有限。因此，百貨業適合先投資於郵寄型錄之行銷管道，銀行業則可投資建置電話 call center，至於 C2C 的二手仲介、E*TRADE線上證券交易、Amazon的B2C零售交易以及電子交易市集（eMarketplace）等業者，因其客群已大部分使用網際網路，所以導入自動化的一對一行銷工具可望為企業帶來極高效益。

問題討論

1. 簡述各階段行銷思潮之演進。
2. 試說明關係行銷中，顧客保留策略如何與顧客進行財務性連結。
3. 從關係行銷角度來看，長期而言哪些顧客對企業無利可圖？
4. 試舉例說明如何運用網頁型探勘進行一對一行銷。

第四章
新服務發展

本章概要

第一節　新服務之定義與範疇
第二節　新服務類型
第三節　新服務發展策略
一、新服務策略角色
二、新服務發展策略
第四節　新服務發展步驟
一、前端規劃
二、執行
第五節　服務發展趨勢
一、大量客製化
二、顧客導向
三、服務創新

從傳統服務到新服務並無明顯分界，是漸進式的發展。然而，為追求服務新境界，創造新價值，有必要追溯從傳統服務到新服務境界之發展軌跡，從新服務定義與範疇切入，逐步探索。

第一節　新服務之定義與範疇

科技進步與競爭激烈使得服務組合極易被競爭對手模仿複製，故而企業必須不斷發展新服務組合以建立新優勢。Kelly和Storey（*2000*）將服務型企業的新產品定義為：(1)核心產品對於公司來說是新的或者世界級首創（new to the world）；(2)核心產品能夠改善現有的產品；(3)是補充的和附加價值的服務。Tatikonda和Zeithaml（*2002*）將新服務開發定義為：連結行銷與營運資源以規劃、設計並執行被顧客認定為有價值的服務組織化流程。表4-1彙整了學者對新產品及新服務之定義。

表 4-1　新產品／新服務發展之定義

新產品		新服務	
學者	相關定義	學者	相關定義
Guiltinan 等（*1997*）	新產品發展六種型態： *1.* 世界首創 *2.* 企業新產品線（現有市場） *3.* 現有生產線之延伸 *4.* 現有產品之改善 *5.* 重新定位（產品提供新應用並且滿足新需求） *6.* 成本降低 新產品開發步驟：概念形成、概念篩選、產品發展、產品／市場測試、營運分析及商品化	Tatikonda 和 Zeithaml（*2002*）	定義：連結行銷與營運資源以規劃、設計並執行被顧客認定為有價值的服務組織化流程。 新服務開發的產出是「服務傳送流程」。 新服務開發步驟：策略定位、概念形成、觀念發展、觀念執行、全雛型測試、市場開發、績效評估。
Viswanadsham（*2000*）	新產品指的是「世界首創」或「創新性產品」，新產品分為「科技推力產品」、「平台產品」及「流程密集產品」。 新產品發展步驟：觀念發展、產品設計、產品工程、製造工程、市場進入及全生產。 強調了解、符合市場需求，在產品工程階段強調雛型品透過顧客評量與回饋提供修正意見。	Kelly 和 Storey（*2000*）	定義： *1.* 核心產品對於公司來說是新的或者世界級首創。 *2.* 核心產品能夠改善現有的產品。 *3.* 是補充的和附加價值的服務。

Tatikonda 和 Zeithaml (*2002*)	新產品開發的產出是「完整開發之實體商品」。	Gustafsson 和 Johnson (*2003*)	新服務發展步驟：概念形成、通過策略及文化閘門、新服務設計、測試與執行。新服務之發展必須極力確保新服務概念符合公司文化與策略，在服務設計及服務雛型系統建立階段均有顧客的完整參與。

第二節　新服務類型

新服務類型包括「主要的創新」到「次要的創新」。

1. 主要的創新

在尚未被界定的市場推出全新的服務。例如：五星級飯店及便利商店推出之年菜訂製、首次推出的宅配服務等。許多主要的創新係運用資訊、電腦及網際網路科技發展出來。

2. 新設事業

指在一個已經由現有、能滿足同樣一般需求的產品所服務的市場中設立新的事業。例如：銀行的自動提款機、與傳統的計程車及機場接駁小巴士區隔的到府載客往返機場的服務等。

3. 在目前已服務的市場區隔提供新服務

為現有顧客提供先前該公司未提供的服務。例如：網路零售書店提供咖啡服務、健身俱樂部提供營養課程、航空公司在飛行時間提供傳真與電話服務。

4. 服務線延伸

既有服務線的擴展。例如：餐廳增加新餐點、航空公司提供新航線、律師事務所提供額外的法律服務。

5. **服務改良**

係屬服務創新最普通的類型，主要型態係在已提供的服務特徵上加以改變。例如：加速現有服務程序、延長服務時間、在旅館客房增加商務服務等。

6. **樣式改變**

代表最小程度的服務創新，這些基本上並不會改變服務，僅改變外觀，類似消費性產品包裝的改變。然而這類創新經常顯而易見，且對於顧客的認知、感情與態度能有重大影響。例如：改變餐廳色調、修改組織標誌、將飛機外型漆成不同顏色。

第三節　新服務發展策略

一、新服務策略角色

推出新服務之前必須先釐清企業發展新服務之目標與策略，作為新服務發展之準則。新服務願景和策略角色提供了一個架構，可確保新服務符合公司之策略。新服務願景係以未來為導向之簡要陳述，其界定了公司所要競爭之行業，以及在此行業中欲取代之地位。新服務願景包含三個構成要素：

1. 界定企業即將競爭的市場，例如界定新服務開發的領域範疇，或找出新服務鎖定哪個市場，以及哪些區域超出了範圍。
2. 界定企業希望在行業中取得之地位，如成為最高利潤者，或成為利基中的主導者。
3. 界定要提供給顧客的好處範圍。例如界定公司要專注於傳遞哪些好處給顧客，而又能與品牌及定位策略保持一致性。企業要專注於減少傳達服務的時間還是讓顧客等候的時間？要不要改善個別服務？要不要運用技術改善顧客使用的便利性？要不要提供無所不在的服務據點？新服務開發人員需要一些廣泛的指導原則，以便確定應該專注於提供哪一種類型的好處。

表 4-2 美國電信業者之新服務願景。

表 4-2　電信業者之新服務願景

願景：我們要在五個州的市場內成為小型企業心目中電信服務供應者的第一品牌。
我們的產品及服務必須能協助小型企業提升績效及競爭力。

	要　素
專注領域	1. 傳遞並管理整合通信服務 2. 能協助維持現有小型企業客戶的服務 3. 能吸引新興個人工作室市場的服務 4. 可信度——機動回應並修正問題
主要的顧客好處	1. 符合公司特定需要、量身訂作的解決方案 2. 絕佳的顧客服務 3. 能解決營運需要並讓顧客更具競爭力之應用方式 4. 已樹立之長期顧客關係
競爭優勢來源	1. 在當地營運 2. 受尊重的可辨識品牌 3. 工作人員之專業度

策略角色有助於區分新服務如何以更特定的方式支援營運策略，更能界定新服務如何協助鞏固並促使現有的營運繼續成長，並推動公司跨足新領域。新服務的策略角色可歸納為「必備」和「擴張」兩類。必備角色指在保有、促進或增強現有服務的競爭力方面，新服務能為現有市場內的現有顧客滿足哪些功能。擴張角色則指在協助企業發展現有營運範圍以外的服務項目，以跨入新的市場、提供新的好處、運用新技術，並鎖定新客群。

對特定企業而言，新服務策略角色在於實現下列營運要件：

1. 打入某些特定顧客族群：鞏固現有客群或打入新客群。
2. 傳遞特定的顧客好處：強化現有好處或傳遞全新好處。
3. 靈活運用某些技術及才能：活用現有能力或添加新能力。
4. 強化現有通路或開拓新通路。
5. 因應競爭壓力：快速因應或搶先攻占。
6. 靈活運用品牌資產：強化或延伸品牌資產。

策略角色有助於界定並指導企業如何達成組織所期望的新服務組合。滿足必備角色條件的新服務通常風險較低，如：降低成本、重新定位、改善措施及擴充生產線等；滿足擴張角色的新服務通常風險較高，如：新工作平台、企業的新服務以及全球性新服務等。

表 4-3　電信業者的新服務角色

必備角色	擴張角色
1. 保持現有顧客 2. 在服務整合上強過競爭對手 3. 降低現有服務中裝設、維修和支援顧客的費用 4. 經由服務部門或外包的作法傳遞現有的服務	1. 擴張至個人工作室 2. 擴張至五州地理區內目前尚未服務到之城市 3. 擴張至零售通路

對成長中的服務型公司而言，創新是不可或缺的條件，但服務型企業不能好整以暇地坐視，期望仰賴一、兩個概念就能創造出所需之榮景，而必須持續不斷創新，創造出與營運目標緊密連結且均衡發展之新服務。

二、新服務發展策略

Kelly 和 Storey（*2000*）首度投入新服務發展實證研究，以英國具領導地位之服務型企業作為研究樣本，產業型態含括銀行、通訊、保險、運輸及媒體，調查企業是否具備正式的新服務發展策略，研究結果發現只有半數的受訪企業具備正式的新服務策略，服務策略主要分為下述四種型態：

1. 先驅型（prospector）：指推出新產品、新技術、新市場之先驅型企業。
2. 分析型（analyser）：極少首度推出新產品，但經常扮演新產品推出後之快速追隨者（fast follower），且通常能對該產品提供某方面的改善，並且具備成本及效率優勢。
3. 防衛型（defender）：保護企業在相對穩定的產品或服務市場之地位，以維持「安全」（secure）利基點。

4. 反應型（reactor）：受環境壓力所迫才改變產品或行銷策略。

研究發現，近七成五企業之服務推展策略傾向於先驅型及分析型，此意謂著大部分以策略性發展服務之企業均認為上市時間、創新性、較高效率以及產品優勢等已成為服務發展成功之最關鍵要素。在上述服務策略型態中，分析型企業具備正式服務策略之比例反高於先驅型企業，推測可能原因在於：複製他家企業產品或服務之策略較易提出，先驅、原創型企業仰賴創新文化，困難度較高。

第四節　新服務發展步驟

新產品發展模式的一個基本假設：新產品的構想若無法符合發展過程中某一特定階段的成功標準，就必須在該階段終止。

圖 4-1 之新服務發展步驟係為一般性通則，企業運用時必須配合本身狀況進行調整，例如：新服務或產品的發展極少是單一線性流程，對許多企業而言，為了加速新服務發展，某些步驟是可以同時進行，某些步驟則可略過。這種彈性、講求快速的流程對於高科技產業尤其重要，因其產品生命週期相當短，服務的發展必須相對快速。所幸科技之進步使得企業逐漸有能力在服務發展階段監視顧客之意見及需求，不斷修正最終提供物直到新服務組合推出為止。在這些情況下，推出目前的服務之同時，新版的服務也經常處於規劃階段了。然而即使這些階段要同時進行，整個過程仍然必須通過圖 4-1 之各重要關卡，以取得最大成功機會。

新服務發展大致可劃分為兩部分：前端規劃階段和執行階段。前端部分決定所要發展的服務概念，而後端部分則是服務概念的落實或執行。

一、前端規劃

㈠公司策略

新服務發展的第一步是去檢視組織的願景與使命，新服務策略及構想必須符合組織策略與遠景。

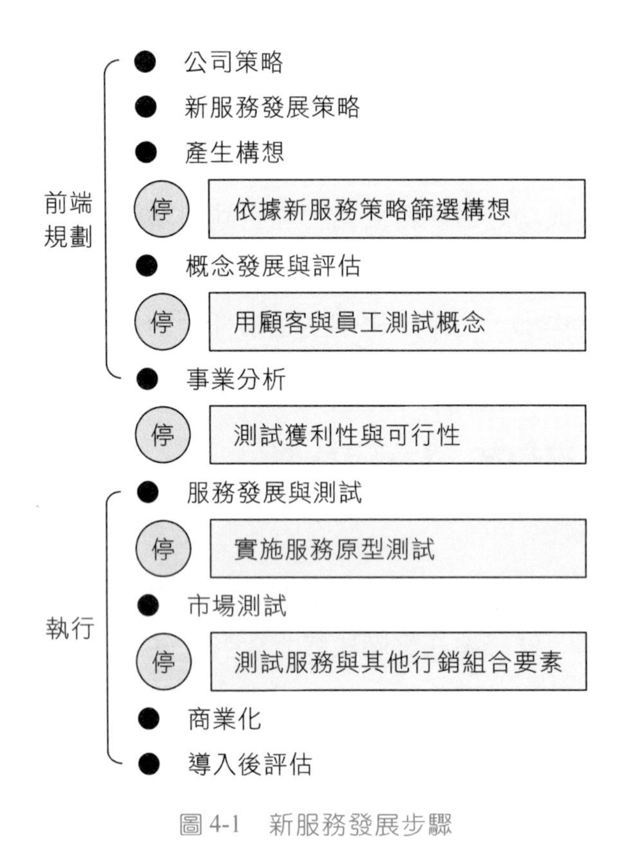

圖 4-1　新服務發展步驟

㈡新服務發展策略

研究顯示，缺乏清楚的新產品／服務策略、妥善規劃的新產品與服務組合、能藉由持續溝通和跨功能責任分擔以促進新產品發展的組織結構，則前端決策就變得無效。因此，產品組合策略和一個能夠幫助新產品／服務發展的明確組織對新服務發展之成功具有關鍵性影響。適當的新服務類型，需視企業的目標、願景、能力及成長計畫而定。透過界定一個新服務策略企業將能處於最佳地位以開始產生特定構想。例如，它可以選擇將成長焦點放在前面所描述的從主要創新到樣式的改變之連續帶上一個特定層次的新服務上。或者組織也可以依據特別的市場或市場區隔，或依據特定的利潤產生目標，來更明確的界定其新服務策略。

表 4-4 提供擬定新服務策略的參考架構，這架構使組織得以指認可能的機會與成長方向，也幫助催化創意性的構想。公司可以針對現有顧客或新顧客來發展成長策略，也可以專注於現有提供物或新服務提供物上。

表 4-4　新服務策略

提供物	市場	
	現有顧客	新顧客
現有服務	建立占有率	市場發展
新服務	服務發展	多角化

㈢產生構想

許多方法可用以尋求新服務構想，例如：腦力激盪、向員工及顧客徵求構想、領先使用者研究、以及向競爭者學習等。觀察顧客以及他們如何使用公司的產品與服務，也能產生有創意的構想。不論新構想的來源是出自於組織內或組織外，應該建置某些正式機制以確保新服務構想源源不絕。這個機制可以包括一個負責產生新構想的正式新服務發展部門、員工及顧客的建議箱、定期開會的新服務發展團隊、研究調查、顧客與員工的焦點團體研究、競爭分析等。

㈣服務概念發展及評估

一旦產生一個被認為與企業基本策略及新服務策略吻合的構想時，就可以著手準備做初步的發展。需擬定基本產品定義，然後以敘述及繪圖方式展現給消費者看，取得他們的反應。

服務的固有特性，特別是無形性及生產與消費同時發生等特性，使本階段產生複雜的需求。將無形的服務繪出圖像或以具體言詞描述是相當困難的。在這階段對於某一概念到底是什麼必須達成一致同意，組織內不是每一個人對於概念如何轉換成真正的服務有相同看法，而且有許多不同方法可以用來發展這個概念，唯有在經過很多次反覆推敲服務概念，並且提出數以百計的大小問題之後，才能在新服務的概念上達到一致的看法。

在清楚定義概念之後，重要的是產生一個能代表其明確特性及特徵的服務說明，然後測定顧客及員工對這概念的初步反應。服務設計文件必須描述該服務所要解決的問題、討論提供新服務的原因、詳細列舉服務過程和它的利益，以及提供一個購買該服務之基本理由。顧客和員工在傳遞過程之角色也必須加以描述。對於新服務概念的評估，可採用詢問顧客及員工之方式，觀察其是否了解該服務構想、是否喜歡這構想，以及是否覺得它能夠滿足尚未被滿足的需求。

㈤事業分析

服務概念通過顧客及員工評估肯定之後，下一個步驟要測定它的可行性及潛在的利益。在這階段所要評估的是需求分析、收入估計、成本分析及作業上的可行性。因為服務概念的發展與組織的作業系統緊密連結，所以這階段應包含對於僱用及訓練人力的成本、傳遞系統的提升、設備的改變，以及任何其他預估作業成本的初步假設。企業必須將事業分析結果再經過獲利性與可行性的審查，以決定是否該新服務概念能符合最起碼要求。

二、執行

一旦新服務概念通過所有前端規劃的關卡後，準備要進入執行階段。

㈠服務發展及測試

在發展有型產品時，這階段包含建立產品原型及測試消費者的接受程度。因為服務是無形的而且大多數是生產與消費同時發生，這個步驟更加困難。這個服務發展階段必須包含所有與新服務有關係的人：顧客及接觸人員、以及行銷、作業與人力資源等代表。在這階段中，新的概念應該被反覆調整修正到足以擘畫服務藍圖為止。例如：當一家大型州立醫院為全州的醫生規劃一套新電腦資訊服務系統時，它的服務發展與評估階段包含了許多團體，如醫學研究人員、電腦程式設計師及操作人員、圖書館員、電信專家、記錄員和病患等。

接下來之步驟，每一個與提供該服務之有關單位必須將最後之藍圖轉換成服務傳遞過程中該單位所負責部分之明確執行計畫。由於服務之發展、設計與傳遞環環相扣、關係密切，因之所有涉及新服務各方面之成員必須在此階段共同描繪新服務之詳細內容。若沒有確實做到，則看似微小之作業細節都可能造成服務之失敗！

㈡市場測試

有形產品上市前通常會先選定某特定地區進行市場測試，以測定市場對該產品和其他行銷組合變數如推廣、訂價及配送系統的接受度。這個測試新產品的標準程序通常無法適用於新服務上，因為新服務提供物經常會與既有的服務傳遞系統糾纏在一起，很難獨自去測試新服務。新服務可以在某一時間提供給企業員工及其眷屬，以評估他們對行銷組合變化的反應。企業也可以在較為不真實的環境中測試訂價及促銷的變化，例如以假設的行銷組合呈現給顧客，取得他們在不同環境中試用該服務之意向。

在此階段，預先運作新服務以確定作業細節能順利操作也是非常重要的事。這一項目經常被忽略，而把實際市場導入作為新服務系統是否能依照計畫運作的第一次測試。一旦落到這步田地，設計上的錯誤就更難補救。此外，導入新服務時適當的排演是必要的，這個程序通常在企業內部進行，使該企業在實際向市場推出新服務之前能某程度掌握服務之傳遞。

㈢商業化

這階段有兩個主要目標。第一是針對每天負責服務品質的大量服務傳遞人員，建立及維持他們對新服務的接受度；想要在整個系統內維持熱誠及溝通新服務將是一項挑戰，卓越的內部行銷將有助益。第二個目標是在導入期和整個服務循環中監視所有的服務層面。如果顧客需要六個月去經歷整個服務，那就需要維持至少六個月的監視。每一個服務細節都應該加以評估，透過電話、面對面交易、帳單處理、抱怨等。作業的效率及成本也必須加以追蹤。

㈣導入後評估

在這一階段，從服務的商業化中收集來的資訊應加以檢討，也需要依據市場對提供物的真實反應來改變傳遞程序、人員配置或行銷組合變數。沒有服務永遠保持不變，不論是刻意或無意，改變總是會發生。因此，把檢討程序予以正式化，以使那些改變從顧客的角度來看確能加強服務品質，是非常重要的。

第五節　服務發展趨勢

歷經產業與經濟環境之變遷，「服務」在型態及內涵方面呈現與純商品迥異之面貌。綜觀國內產業發展及全球服務發展之軌跡，服務之發展呈現明顯趨勢：大量客製化、顧客導向、服務創新。

一、大量客製化

大量客製化在近年隨著個人化設計及服務之需求日增，成為企業積極開拓之新市場。顧客追求商品及服務的多樣選擇與個人化設計，促成大量客製化之生產及服務型態逐漸取代傳統大量生產及銷售型態在市場上之地位。

Duray（*2000*）認為大量客製化的本質在於「以合理的或大量生產的價格提供個人化產品」；Knolmay（*2002*）認為大量客製化指的是在開發、生產、行銷及傳遞商品的流程中表現出彈性及快速反應，並且能在不增加成本的前提之下滿足一個相當廣大顧客面之需求。Winter（*2002*）認為大量客製化意謂：「可與大眾市場（Mass market）接觸到同樣相同數量之顧客，並且可提供個別化服務。」Caddy等（*2002*）提出欲發揮大量客製化之經濟效益，企業必須充分掌握顧客對商品及服務特性之偏好，而顧客則需更加了解產品客製化之相關資訊，包括產品設計之限制等。

根據上述論調，大量客製化的產銷及服務模式主要係為滿足顧客個別化的需求，而其之所以能在經濟規模的基礎上提供客製化服務，必然意謂著個別化訴求之普遍性及市場性，因之，大量客製化的普遍化彰顯出多樣少量、個別化設計之消費訴求與趨勢。

Duray（*2002*）認為大量客製化之所以獲致多數企業注視，其中之一歸因於電子商務的發展，使得消費者可以直接向製造商提出需求。他更進一步指出顧客涉入與客製化之關係，在產品生產過程，顧客涉入之時點是產品客製化程度之指標，顧客涉入愈早，客製化程度愈高。Schenk和Seelmann-Eggebert（*2002*）進一步從「產品導向」與「顧客導向」的角度探討不同行銷模式對大量客製化（mass customization）生產流程之影響。「產品導向」的大量客製化模式係將顧客提供的產品需求規格等資料轉換成生產資料，依據顧客需求生產並傳送給顧客；「顧客導向」的大量客製化模式強調在進入生產階段前加強顧客偏好之掌握，藉由各式調查方法了解顧客需求，提供雛型商品化成品予顧客試用，並激勵誘導顧客回饋意見，透過顧客導向的運作機制以設計個別化的服務及維護顧客關係。

因應消費者多樣少量及多變化之需求，大量客製化所提供滿足個人化需求之產品及服務成為顧客價值之重要元素。當有形產品的差異化空間愈來愈小時，客製化的服務無疑是創造顧客價值的關鍵法寶。而在客製化過程中，「顧客涉入」形同觸媒角色，藉由顧客參與所設計發展出之服務組合，實現了高滿意度的顧客價值。

㈠大量客製化之方式

在現今商業環境，企業發展大量客製化之營運模式，必須以「科技應用」結合「員工授權」為基礎，茲簡介數項大量客製化之服務模式。

1. 在標準化核心服務之外添加顧客化服務

企業可在其標準化核心服務之外，以增加特性或透過富有創意之服務選項來達到客製化。如：旅館除了提供一般客房服務之外，可提供商務服務與健身運動等服務選項滿足顧客個別需求。愈來愈多旅館在客房內提供網路服務即是針對商務旅客之特別服務，而結合健身設備之服務則滿足了白領階級養生健康訴求。

2. 提供服務傳遞點的客製化服務

服務提供者允許顧客在服務傳遞點溝通他們的個別需求，而服務人員則在確認顧客需求之關鍵時點將服務客製化以滿足顧客需求，此類型服務包括：專業諮詢、個人化服裝顧問、個人看護服務等。

3. 提供顧客自我服務的顧客化服務

提供共通的服務設施，但顧客可依照本身偏好或需要自我完成服務。如：自動櫃員機、自動售票系統、自助式餐飲服務、迪士尼世界等。

4. 提供能以獨特方式組合之標準化模組

企業將其提供之服務劃分為數個區塊，每個區塊提供選項，由顧客依個人需要在各區塊與選項中自行選配。提供這種類型客製化服務的如：旅遊業者提供旅客不同之假期組成要素，如航空公司、飯店、旅遊地等，由顧客自行設計屬於自己的套裝行程。

㈡大量客製化之阻礙

雖然大量客製化已成為服務產業之重要策略，但並非所有企業均可提供適當之執行環境，企業在施行大量客製化之前應謹慎分析評估需要性及適切性。企業推行大量客製化可能遭遇之阻礙包括：

1. 公司組織結構過於階層化及官僚化，無法執行大量客製化之策略。
2. 政府法規使得客製化受到限制。
3. 消費者不重視客製化，或對企業所提供之選項感到困擾。

㈢大量客製化案例

1. 麗緻飯店

市場定位：企業高層主管、會議及企業旅遊規劃者、富有的旅客。

提供之客製化服務：

收集顧客喜惡，建立顧客資料庫，提供24萬位常客個人化服務，甚至在客人已經訂位，但尚未抵達旅館前即已準備好客製化服務。由於可事先預料並提供客製化服務，常常帶給客人意外驚喜。例如：客人偏好之飲品、某位客人偏好羽毛枕頭、喜歡添加更多紅糖在燕麥粥等。

服務發展方式：

訓練每一位員工注意常客之喜惡並將此資訊立即輸入顧客檔案中。

2. Individual, Inc.公司

提供之客製化服務：

⑴針對顧客「資訊過度負荷」之困擾，以及顧客想找尋與閱讀只與個人相關之資訊之渴望。

⑵根據訂閱者的個人指示篩選新聞全文，提供個人顧客化新聞。

⑶透過網際網路提供使用者相關新聞故事的「個人化報紙」。

服務發展方式：

⑴建立每位訂閱者之「興趣檔案」。

⑵根據個人的問卷回饋每週更新檔案。

⑶將顧客偏好、需求及收到新聞資訊之回應等資料作持續性之輸入。

經過四週，顧客的「文章切題比率」從40%攀升到80%，甚至90%。

二、顧客導向

㈠顧客參與

隨著服務競爭益加激烈，服務的利潤空間益加有限，加上服務易逝性之特質，使得企業提供之服務能否切中顧客需求成為影響顧客滿意度及再購意願之關鍵因素。因之，新服務之發展必須以「顧客需求」為導向，進行服務之設計與不斷調整、補助與修正。

Alam和Perry於2002年提出以「顧客導向」為主軸之新服務發展模式，其新服務發展模式強調「顧客」在整個發展流程之參與，研究首度提出包含十個步驟之新服務發展模式，依序為策略規劃、概念形成、概念篩選、營運分析、組織跨功能團隊、服務及流程設計、人員招訓、服務測試及市場測試、商品化。在新服務發展之各階段管理者藉由新服務發展團隊與顧客間之定期會議、顧客觀察，以及臨時性深度訪談等方式，獲得顧客提供之參考資訊。

「顧客導向」在Alam和Perry之新服務發展模式的主要意涵在於新服務發展過程各階段顧客均扮演相當重要角色，每個階段顧客涉入程度及方式迥異，並且分別有其貢獻點。顧客在三個階段提供參考訊息最為頻繁，包括概念形成、服務及流程設計、服務測試及示範營運等，顧客在服務發展各階段可涉入之活動參見表4-5。

㈡顧客導向之行銷策略

近來商業市場已逐漸將顧客導向注入行銷訴求之中，「秒殺行銷」即為代表作之一。「秒殺」的概念源自電玩世界，意指在一次進攻中給予對方毀滅性的痛

表 4-5　新服務發展之顧客涉入

新服務發展階段	顧客涉入之活動
策略規劃	回應財務性資料。
概念形成	陳述需求、問題以及他們的解決方案，評論現有的服務；指出市場的落差；提供期望清單；指出新服務採用基準。
概念篩選	建議粗略的銷售指導及市場規模；建議期望的服務特徵、利益及屬性；針對新服務之喜好、偏好及購買意圖提出回應；協助服務篩選決策。
營運分析	回應財務性資料，包括：服務觀念的獲利性、競爭者資料。
組織跨功能團隊	參與團隊遴選。
服務與流程設計	參與服務藍圖之發展與檢視；針對失敗點提供改善建議；觀察企業人員之服務傳送試驗。
人員招訓	觀察及參與模擬服務傳送流程；建議改善方案。
服務測試	參與模擬性的服務傳送流程；提出最終改善方案及設計改變建議。
市場測試	評論行銷計畫；對行銷組合具體評論；提出服務改善建議。
商品化	以實驗性質採用新服務；對服務改善之效果提出回應；口碑散布予其他潛在顧客。

擊。針對 E 世代年輕人之行銷策略即充分運用此概念，儘管找到了目標顧客，若無法在最短時間內吸引其目光、引起購買動機，則商品或服務將很快遭到淘汰。秒殺行銷一開始設定以 E 世代為目標族群，針對 E 世代消費族群之心理著手，可以節省許多市場分析與產品概念形成的時間。

傳統行銷多數以商品為導向，從生產者之角度分析市場消費行為，以銷售商品為目的；秒殺行銷採取顧客導向，商品或服務以滿足消費者心理需求為設計核心，行銷策略在於主動爭取消費者認同，進而產生購買行為，對於 E 世代消費族群而言，秒殺行銷的概念更易為其所接受。

秒殺行銷之行銷運用：「天堂」

國內線上電玩遊戲「天堂」推出一個月即募集了20萬名會員，在競爭激烈的市場中殺出血路，一年內即榮登線上遊戲盟主寶座，市占率高達45%。改編自漫畫的「天堂」共有12章節，每季進行改版，配合新遊戲內容行銷，譬如推出「龍之谷」時訴求「不團結就別想回來」；「奇岩城」訴求「擁有城就擁有權力」；新版本「天堂II」訴求征服新世界。代理「天堂」的遊戲橘子公司瞄準E世代「放棄度極高」之特質，行銷策略在於分階段長時間吸引玩家目光。天堂推出之各式版本人物故事雷同，但遊戲背景不同，使得即使已玩過某一款遊戲之玩家，仍願意繼續接受更進階之挑戰。

電玩吸引E世代之因素除了酷炫的聲光效果與場景之外，充分了解並掌握E世代消費需求是其勝出關鍵！

分析秒殺行銷策略：

1. 多元化設計：商品設計時預留故事未來發展空間，防止「放棄度極高」之消費者失去耐心與新鮮感。此外配合發展周邊產品，如：電玩故事小說、漫畫、故事主角之造型玩偶、T恤、紀念品等，以供消費者可在日常生活中與朋友分享，延伸玩家之滿足感。
2. 系列產品相互支援：在激烈競爭的市場中，同類型產品常陷入價格戰中，若能將產品分階段推出，不斷升級，不但對產品之廣告造勢有利，亦可創造消費者預期心理，延長產品生命週期。
3. 挑戰消費者智慧：因應E世代消費族群矛盾心理，產品設計過於簡單無法挑起興趣，設計過於困難則易於放棄。因之，需以循序漸進方式誘導消費者自我挑戰或集體合作接受挑戰，創造消費者之成就與滿足。

三、服務創新

二十一世紀之始全球學者專家不斷大聲疾呼提倡服務創新，在探討服務創新的內涵之前，應先就「創新」一詞進行了解。

㈠「創新」之意涵

「創新」（innovation）一詞源自拉丁語nova（新）。麻省理工學院教授艾德．羅伯茲（Ed Roberts）曾將創新定義為「發明」加「開發」。較完整之定義為：創新是將知識體現、結合或綜合，以造就原創、相關、有價值的新產品、新流程或新服務。

創新學者常將創新劃分為漸進式及激進式兩種類型。漸進創新（incremental innovation）是指開發既有的形式或技術，通常指改善既有的事物，或是修改既有之形式或技術來達到不同目的。例如很多豪華轎車上加裝之導航設備，即是將既有的全球衛星定位系統（GPS）應用在新用途上，此類型之創新性相對較低；激進創新（radical innovation）係指前所未有、與現有技術或方法截然不同之事務。其常見之同義詞有：「突破性創新」、「不連續性創新」等。

近年更有學者以「破壞性創新」、「顛覆性創新」（disruptive innovation）來形容有潛力顛覆組織或產業既有經營模式之創新，此類型創新絕大多數屬激進式創新。顛覆性創新經常藉由創新技術取代原來在市場應用相當成熟之技術，導致以此成熟技術為根本之營運模式快速衰退；顛覆性創新經常可開創新市場。圖 4-2 說明激進與漸進式創新之產業歷程。

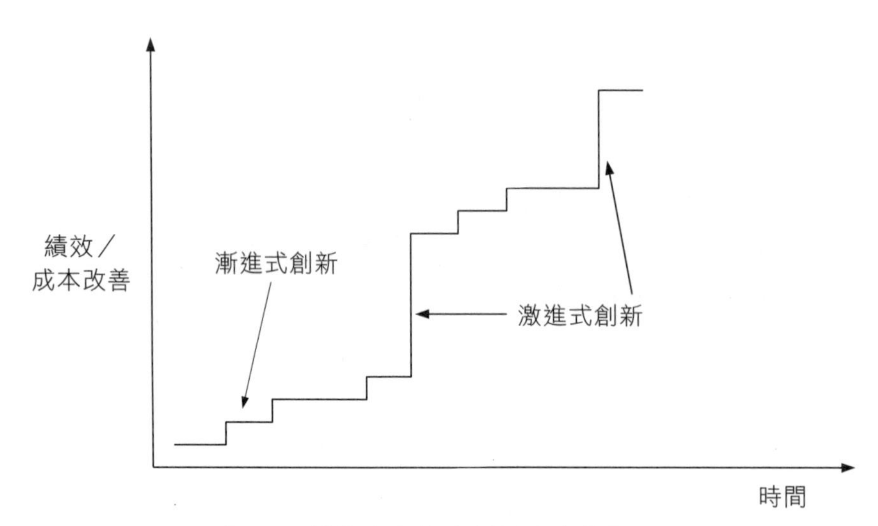

圖 4-2　激進與漸進式創新之產業歷程

資料來源：楊幼蘭，2004。

(二)「服務創新」之意涵

國內外學者專家對服務創新之看法：

1. Storey 和 Kelly（2001）呼籲服務產業競爭日熾，企業需持續變化服務組合，那些守住固定市場機會，以及當市場壓力無法承受，才不得不改變服務提供方式的企業，終將愕然發現其營收及顧客基礎已逐漸被積極創新之企業搶奪殆盡。

2. Terrill 和 Middlebrooks（*2001*）指出：成功的服務業創新者會在他們所能承受的風險範圍內，不斷創造、設計並提供套裝的服務組合，以迎合顧客最迫切及普遍的需求。
3. Gustafsson 和 Johnson（*2003*）指出維持及改善現有服務的連結（link）僅屬於「防衛性」，主要功能在滿足及維持現有客戶；服務創新則較屬「攻擊性」，不僅可維持舊有客戶，還可開拓新客源。因之成功的服務公司需能同時兼顧原有服務連結之維護改善，並且能發展創新的相關服務連結。
4. Robert 等（*2000*）指出服務與創新的關係源自於「自我服務經濟」（self-service economy），創新的第一階段在於提高現有服務傳送之效率；第二階段在於藉由新生產系統提高服務品質；第三階段的創新則透過新技術之應用來達成，參見圖 4-3。
5. Tether和Hipp（*2000*）提出三種型態之創新，包括「服務創新」、「流程創新」以及「組織創新」。「服務創新」意指現有服務進行新的或重大的改善；「流程創新」意謂運用新的或重要的改善方法發展新服務；「組織創新」 則意指為發展新服務進行組織重大變革。他們並提出創新指標，諸如：企業投入於服務創新之資源、企業在服務創新相關活動之花費、創新

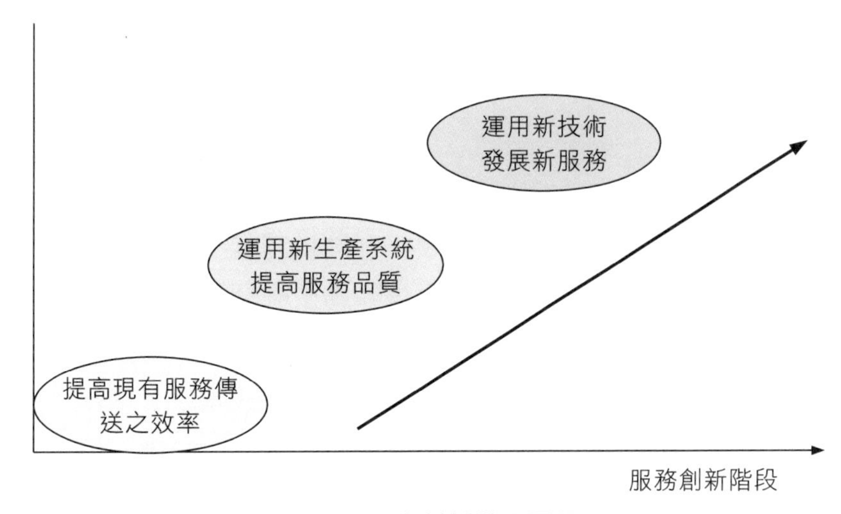

圖 4-3　服務創新發展歷程

資料來源：Robert et al., 2000。

的資訊來源，以及協同整合之程度等。

6. 國內服務業經營者提出四種服務創新型態：

(1)「經營模式」之創新：如：戴爾電腦自行組裝電腦、沃瑪特自助購物。

(2)「產品」之創新：品類創新較產品創新重要，例如王品牛排創立不命名為西餐廳，以台塑牛排創立新品類。

(3)「行銷服務」之創新。

(4)「供應鏈」之創新：如聯強國際、鴻海科技。

(三)服務創新流程

Gustafsson 和 Johnson（*2003*）提出服務創新流程如圖 4-4。

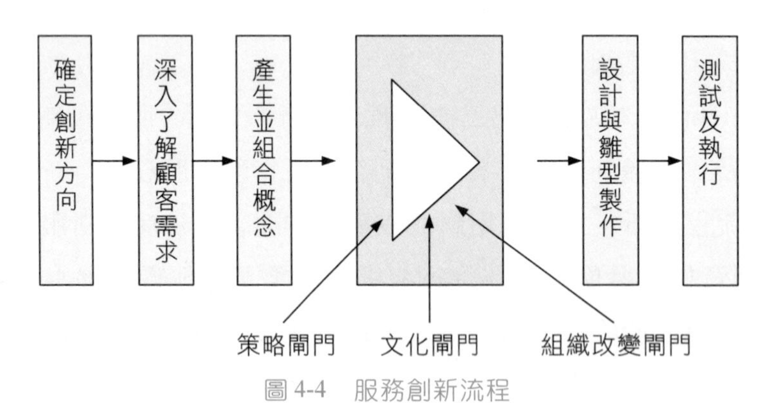

圖 4-4　服務創新流程

資料來源：Gustafsson and Johnson, 2003。

茲簡述如后：

1. 確定創新方向

追求服務創新需先在產業環境中過濾、篩選符合企業整體策略及資源之新機會，諸如從新技術、競爭者之新行動及市場變動中尋覓適當切入點。例如在 B2C 市場中，許多新興服務源自於新技術與顧客追求自我服務的基礎之結合；而在B-to-B 市場中，創新服務可著眼於「可為對方節省多少成本？」以及「可否提供較同業更有成本效益之服務？」創新方向的思考模式可從四個構面探索：服務營運模式、服務支援活動、顧客服務活動以及顧客所得。

2. **深入了解顧客需求**

確定創新方向後，下一步是「深入了解顧客需求」，目的在於充分了解顧客欲解決的問題、想追求的經驗，以及為何有這些需求。傳統行銷和顧客研究方法及工具，如焦點團體（focus groups）法以及問卷法等均以過去之產品或服務使用經驗為基礎，探討現存服務的問題與機會，係屬被動式研究方法；創新服務係著眼於顧客未來之需求與價值，必須採取較主動式之研究方法，諸如：歷史與全國性因素法（history and national factors）、價值區隔法（value segmentation）等。

3. **產生並組合概念**

[illegible]顧客觀念為基礎所發展出之創新服務較單純以科技為導向之服務具更高成功率，[illegible]顧客資源發揮乘積效應需運用結構化流程，排除顧客心理障礙與市場及技術知識[illegible]不足，激發顧客提出服務概念並將之組合。有顧客直接參與之創新流程除了可降[illegible]服務發展成本外，更可進一步保障發展出之創新服務更貼近市場與顧客之需求[illegible]

4. **過濾閘[illegible]**

發展出之[illegible]務概念需進一步過濾篩選出具成功潛力的項目，過濾的機制為策略、文化及組[illegible]改變閘門。在組織改變方面，強調服務創新經常為組織帶來新衝擊，當創新無[illegible]與組織文化完全吻合時，組織應改變其文化以順應創新服務之發展。如此才[illegible]兼顧短[illegible]與長程之競爭優勢。

5. **設計[illegible]製作雛[illegible]並測試及執行**

邀請[illegible]客測試[illegible]務雛型，提供雛型改進意見，直到獲致顧客認同。顧客成為服務之[illegible]設計者[illegible]co-designers），此種合作方式有效整合服務測試、服務設計及雛型[illegible]作，減[illegible]服務上市時程，提高成功率。

[illegible]（2[illegible]）提出將顧客意見轉化為創新來源的實證案例，強調跳脫傳統直接[illegible]問顧客[illegible]之方式（結果往往受限於顧客對技術了解程度及使用經驗，常常[illegible]出的產[illegible]售並不如預期，甚至常常推出老二產品，並無法藉由創新受惠），[illegible]過事[illegible]、系統化之深入訪談及分析方式，收集、挖掘顧客真正需求與價值。這種顧客意見收集進行方式包括五個步驟：

1. 規劃以結果為基礎之顧客訪談，謹慎篩選關鍵訪談名單，進行深入訪談。

2. 進一步篩檢訪談結果，釐清顧客需求細節與規格，並將篩檢之需求項目逐一與受訪者確認。

3. 重整需求項目，加以分類對應到流程之每一步驟，並去除重複之內容。

4. 將彙整好之需求項目設計成量化問卷，由不同類型之顧客予以權重，計算出創新產品之市場機會。權重指標為需求之重要性及目前被滿足之程度。

5. 依據產品機會設定創新目標。藉由此種系統化流程，將顧客意見輸入轉化為創新驅動力，往往能夠為企業創造極高利潤。

Searles（*2004*）提出創新意謂實際應用新點子及新觀念，使之成為顧客滿意的新來源。他強調創新的關鍵要素在於創新文化以及標竿學習，他提出以點子漏斗法（idea funneling）及價值－付出（value-effort）分析矩陣篩選創新點子，針對高價值、低付出的點子列為最高順位；針對高價值、高付出的點子則應設法減少付出；低價值且低付出之點子可以設法提高價值；至於屬於低價值、高付出之點子則應立即撤消。有關創新績效之衡量，Searles 提出一些量化指標，包括有多少百分比的營收來自最近四年推出的新產品、平均每位員工提出的新點子數量、新點子轉化為產品的數量等。

表 4-5　概念篩檢分析

	價值積分			
付出積分	低付出／低價值		低付出／高價值	
	高付出／低價值		高付出／高價值	

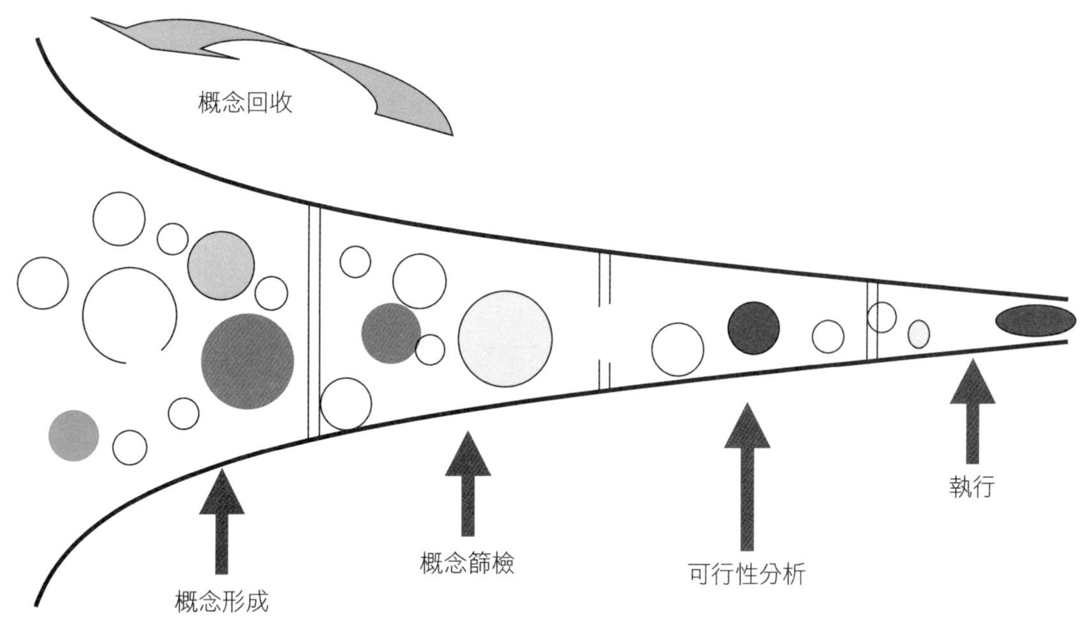

圖 4-5　創新概念之篩檢

依據 2004 年 10 月「創新楷模企業」調查研究結果，企業創新分為五種型態：技術創新、產品創新、流程創新、組織創新、策略創新。創新三階段為：⑴產生創意點子；⑵將創意點子商品化；⑶發展出新的商業模式。創新的意涵：創新是滿足市場需求，因為人類需求是無限的，所以創新是不斷去找到過去尚未被滿足的，但那是消費者自己也不知道、不清楚的東西。創新要可以深刻的去前瞻了解顧客需求，需求是可以創造出來的。

㈣服務創新案例

國內外已有相當多服務創新成功個案，本書於後面章節介紹，本節僅簡述兩個先進國家服務創新先期成功典範，他們維續至今日之佳績成為其成功開啟創新模式與不斷創新的最佳例證。

1. 西南航空

西南航空公司當初發展創新服務之概念係為了與德州地方市場的汽車與巴士運輸業競爭，其藉由提供顧客低票價、高密度航班、飛行樂趣等創新價值，建立了這個廣受歡迎且獲利豐厚的企業，成功的從德州擴及全美各地，西南航空成為美國獲利最佳的航空公司。

2. 戴爾電腦

戴爾電腦雖然擁有極佳之技術，但並不具競爭優勢，最初使其脫穎而出，並享有競爭優勢的，即為其跳過中間商、直接向買方銷售客製化個人電腦的創新服務模式；而隨後在供應鏈管理上的創新則強化其創新服務之效率，使戴爾電腦成為全球最成功之電腦製造商。

問題討論

1. 試說明新服務之類型。
2. 試說明先驅型、分析型、防衛型及反應型等服務策略之型態。
3. 新服務發展步驟包括前端規劃與執行二個階段，試說明執行階段包括哪些步驟。
4. 試舉例說明大量客製化之服務趨勢。
5. 試舉例說明顧客導向之行銷策略。

第五章
新服務與競爭力

本章概要

第一節　服務的機會與優勢
一、服務的機會
二、服務創造的優勢
第二節　服務競爭力之實證研究
第三節　服務創新之實證研究

傳統的產業論調為：服務的發展必須以製造為基礎。然而，Gustafsson和Johnson（2003）提出不同論調：製造的發展必須建構在堅實的服務基礎之上。

隨著產業環境丕變，競爭的態勢呈現四個階段的演變：產品價值（product value）、服務價值（service value）、方案價值（solution value），以及經驗價值（experience value）。未來製造業為求生存必須向價值鏈的下游擴展，追求差異化以維持獲利。亦即，核心技能必須從傳統的「產品價值」轉向「服務價值」、「方案價值」，繼而晉升到超越產品層面，提供為顧客量身定作的「經驗價值」。產品優勢的成長已達瓶頸，企業必須憑藉服務以創造附加價值與競爭優勢，製造與服務型企業的界線已經逐漸不易區隔。

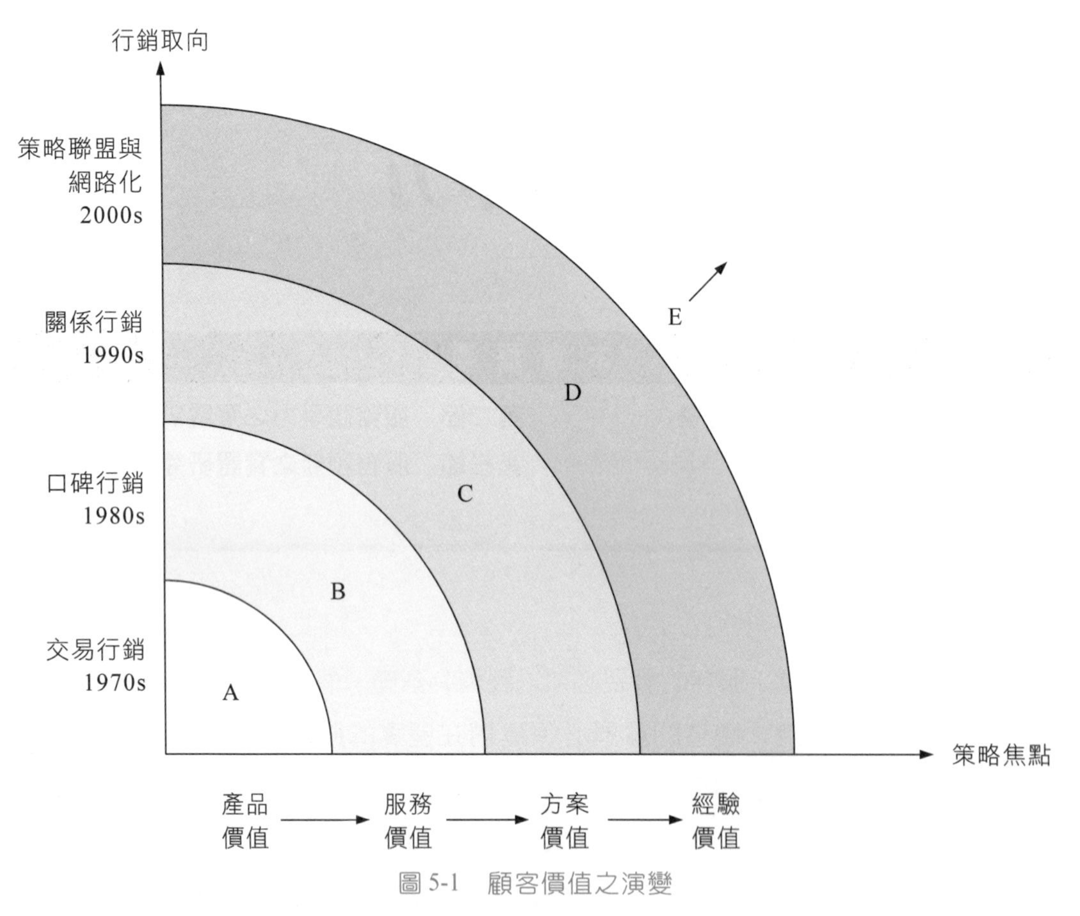

圖 5-1　顧客價值之演變

資料來源：Gustafsson and Johnson, 2003。

第一節　服務的機會與優勢

一、服務的機會

如何在激烈的競爭環境中締造服務優勢成為現代企業經營的核心課題。Gustafsson和Johnson（*2003*）分析服務優勢，從顧客的需求、公司提供的服務及競爭對手提供的服務三者的關係中，指出在顧客需求的滿足中，由企業與競爭對手同時提供滿足顧客的區塊屬於基本需求，由企業與競爭對手各自提供的滿足屬於各自的競爭優勢。除此之外，尚有未被滿足之區塊，此即企業需快速發掘並切入之市場與機會，以創造具競爭力之服務優勢，如圖 5-2。

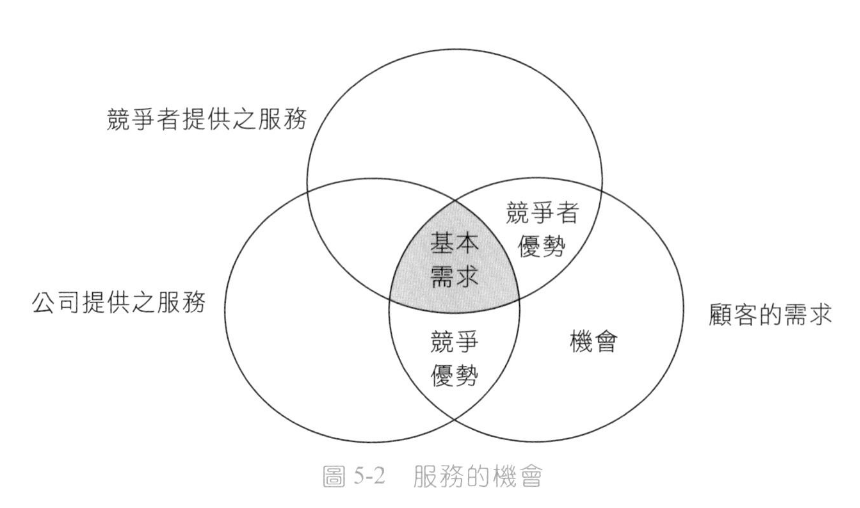

圖 5-2 服務的機會

資料來源：Gustafsson and Johnson, 2003。

找到市場機會之後，如何掌握市場機會、快速切入以創造服務競爭優勢？Gustafsson 和 Johnson（*2003*）提出創造服務優勢的三個構面：

㈠建立文化

文化包括一般性的企業組織文化以及更特定的顧客服務文化兩個層級。企業的核心價值提供發展特定顧客服務文化之基礎。透過服務利潤鏈（Service-Profit chain）建立顧客服務文化，其中心概念：「顧客經驗到的文化如同員工經驗到的文化；有快樂的員工才有快樂的顧客，以及連帶產生的交易，服務是屬於員工與顧客共同工作之流程或系統。」因之，建構一個流暢無瑕疵的服務系統，是建立顧客服務文化之必要條件，為達到目的，必須建構一個顧客與員工均受到高度尊重的工作環境。

㈡市場定位

企業明確定位，選定特定市場客戶群，決定要提供哪些人服務，以及不提供哪些人服務。

㈢連結活動

藉由顧客與員工之間的共同生產（co-production）改善顧客整體經驗，締造顧客價值經驗與重複消費，促進企業持續成長。連結活動的優勢來源在於提高競爭對手複製整個系統之困難度，使得企業得以擺脫傳統服務系統易被模仿之憂慮。

綜上，建立服務競爭力之機會點在於發掘尚未被滿足之顧客需求區塊，提供量身訂作的個人化價值服務，而強化現有的服務優勢及開拓未來的服務機會，應先明確市場定位，再藉由建立服務文化價值以及連結活動，將服務價值與顧客連結。

二、服務創造的優勢

日本經營學博士梅澤申嘉著作《創造第一品牌的42堂課》中談論長期冠軍商品之致富法則，其研究數據指出，「新市場締造型商品」能持續10年以上保持第一名之機率為53.8%，後起之秀能搶占第一名的機率僅有0.5%，前者的成功率是後者之100倍。

此段論述隱喻了新服務在市場競爭上之先天機會與優勢，亦即所謂「新市場締造型服務」，其意涵指能解決原商品或服務所無法解決之問題，亦即能因應消費者生活上未能滿足之需求，並促使生活產生變化，同時具有高度獨特效益之商品或服務。根據研究，創新型服務在上市初期填補了消費者以往未被滿足之強烈需求，由於尚未有後起者之競爭，在消費者中的選擇機率是百分之百，其後則因加入競爭者愈來愈多而逐漸流失客群。

國內民生消費市場有許多「新市場締造型商品」，諸如：超耐用之大同電鍋紅45年依然不退燒、20元之伯朗咖啡大賣20年等，這些商品可約略歸納出成功模式，簡述如下：

㈠先占市場，建立品牌

金車食品在咖啡仍屬國內高價飲料的時代推出 Mr. Brown 伯朗罐裝咖啡，大膽挑戰國人之消費口味，扭轉當時國人普遍對咖啡抱持苦、酸、貴之印象，不斷嘗試，最後營造出偏重奶味之厚實口感，並以小瓶罐裝、售價20元訴求「高貴而不貴」，讓一般消費者願意接受；在瓶身設計上為營造咖啡的洋派氣氛，特別慮構出一位捲鬍子胖老外，並在上千個名字中精挑細選出「Mr. Brown」這個「只要學過英文的人都知道」的通俗名字，使伯朗咖啡短期間贏得高知名度，獲得眾多消費者青睞。

另外一項品牌塑造之關鍵要素，在於伯朗咖啡「用音樂與消費者溝通」，為塑造喝咖啡是有氣質、有情調之享受，產品初上市便設定伯朗先生熱愛音樂，所到之處皆有音樂相伴，廣告最後也必唱「Mr. Brown~咖啡」，透過音樂與消費者溝通，好聽好記的旋律讓消費者印象深刻，將品牌深植在消費者心中。

㈡創造話題

品牌知名度建立之後，金車在廣告中加入環保與鄉土概念，伯朗咖啡廣告配合金車文教基金會活動，不但炒熱活動，同時在消費者心目中留下「很公益」的最佳形象。例如民國90年以保護自然野生鳥類的「野鳥篇」廣告伯朗咖啡並未現身，但播放一個月後銷售量提高了50%。

㈢與時俱進

雖已榮登領導品牌，但金車依然戒慎恐懼，在口味、包裝上時時跟隨時代潮流進行調整，為迎合現代消費者之苗條審美觀，讓包裝上原本圓滾滾的伯朗先生瘦身成功；因應全球化之潮流，廣告取景遠赴國外。與時俱進、不斷自我修正，汲汲營營守住第一名寶座。在眾多品牌之罐裝咖啡市場中領先群雄，市占率高達七成，整體市場年產值超過55億元。

成功服務模式與時俱進之概念等同於服務創新之概念：服務需持續不斷創新，以防範競爭對手之複製跟進。不斷創新其實意謂著不斷推出新服務模式搶占先機，在領先之基礎上持續前進，永保第一。

第二節　服務競爭力之實證研究

有關服務產業競爭力之實證研究目前仍極少，德國學者於2000年針對服務之競爭力與標準化，以及服務創新進行實證研究，獲致如下結論：

1. 服務型企業傾向於將競爭力聚焦於服務品質與彈性，以迎合不同顧客之需求，為迎合顧客需求，「顧客」成為服務創新之最重要資訊來源。
2. 服務型企業獲利主要來源之一為客製化之收入。
3. 標準化服務也扮演重要角色，對價格敏感度高之市場益顯重要。
4. 技術導向型之服務型企業較一般服務型企業重視服務品質之提升，相對的較忽視價格之競爭，他們較願意提供符合個別顧客需求之服務，也較願意投入在服務創新。此類型企業之創新訴求在於服務創新，而不在於服務傳遞過程以及成本降低之創新。

德國學者於 1995 年針對服務型企業進行問卷調查，接受調查之企業員工人數均超過 10 人，對象涵蓋範圍極廣，包括：商業服務、銀行與保險、其他財務性服務、科技型服務、軟體、清潔服務及出版業等，排除公共服務及其他非營利型服務企業等。研究將受訪企業分類成四個群組：

1. 高知識密集之技術型服務公司：屬電腦軟體或工程服務型公司，超過半數員工具大學學歷。
2. 低知識密集之技術型服務公司：屬電腦軟體或工程服務型公司，具大學學歷之員工人數低於半數。
3. 高知識密集之其他服務公司：非屬電腦軟體或工程服務型公司，具大學學歷之員工人數超過半數。
4. 低知識密集之其他服務公司：非屬電腦軟體或工程服務型公司，具大學學歷之員工人數低於半數。此類群企業占調查樣本之最大比率。

㈠競爭力來源

調查結果發現服務型企業之核心競爭力在於「滿足顧客需求」，超過 85%之企業宣稱下列三項是競爭力之決定性因素：

1. 提供高品質服務。
2. 準時傳送服務。
3. 提供迎合不同顧客需求之彈性。

㈡營收來源

從不同類型服務型公司之營收來源可窺知其營運方向，營收來源分為三個主要部分：

1. 從標準化服務之收入。
2. 從部分客製化服務。
3. 從預約服務之收入。

調查結果顯示：

1. 技術型服務企業之收入來自標準化服務之比率明顯低於非技術型服務公司。
2. 技術型服務企業之收入較多來自客製化及預約服務之收入。

參見圖 5-3 。

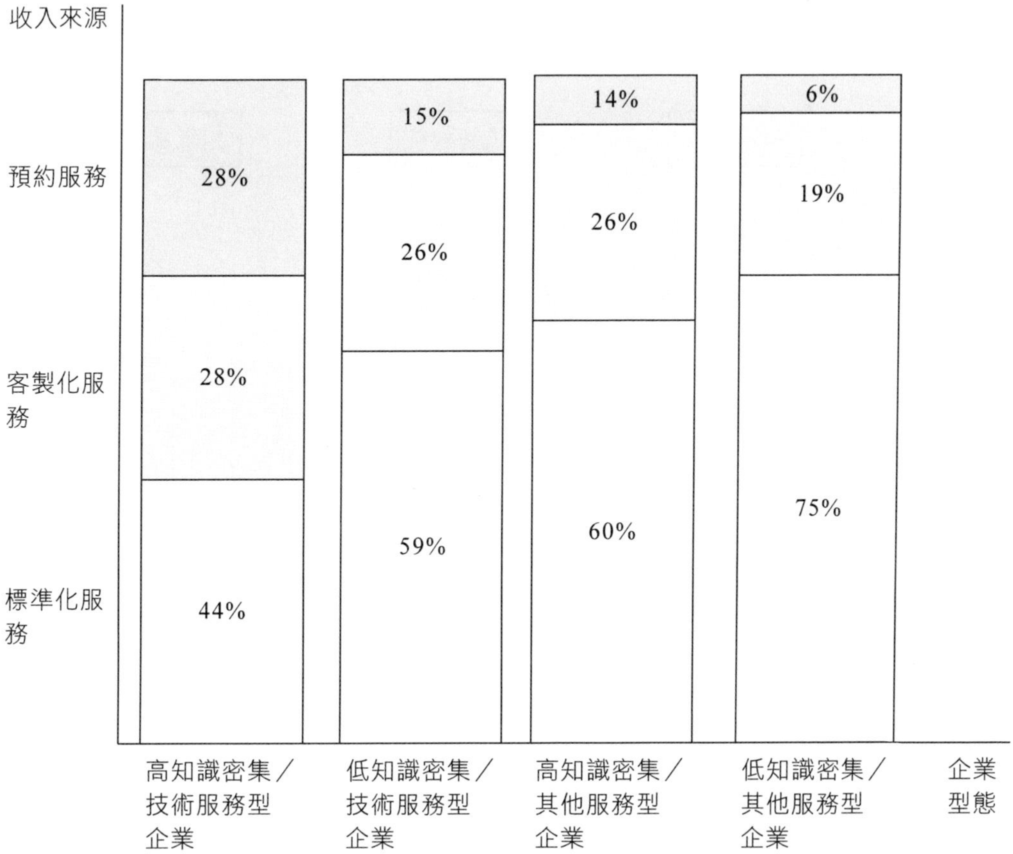

收入來源
預約服務
客製化服務
標準化服務
28%
28%
44%
15%
26%
59%
14%
26%
60%
6%
19%
75%
高知識密集／技術服務型企業
低知識密集／技術服務型企業
高知識密集／其他服務型企業
低知識密集／其他服務型企業
企業型態

圖 5-3　企業收入來源

第三節　服務創新之實證研究

服務型企業之創新程度可以區分為三個等級：服務創新、流程創新以及組織創新。大部分企業在上述三項創新均有涉獵，但涉獵之程度因企業定位與營運性質之不同而迥異。服務創新意指「推出新的或重大改善之服務」；流程創新意指「運用新的或重大改善之方法以產出服務」；組織創新意指「推行重大之組織性改變」。

㈠創新程度方面

實證調查結果發現在服務創新及流程創新方面，高知識密集公司明顯的較低技術密集公司具較高程度創新，在組織創新方面則二者並無明顯差異。參見圖 5-4。

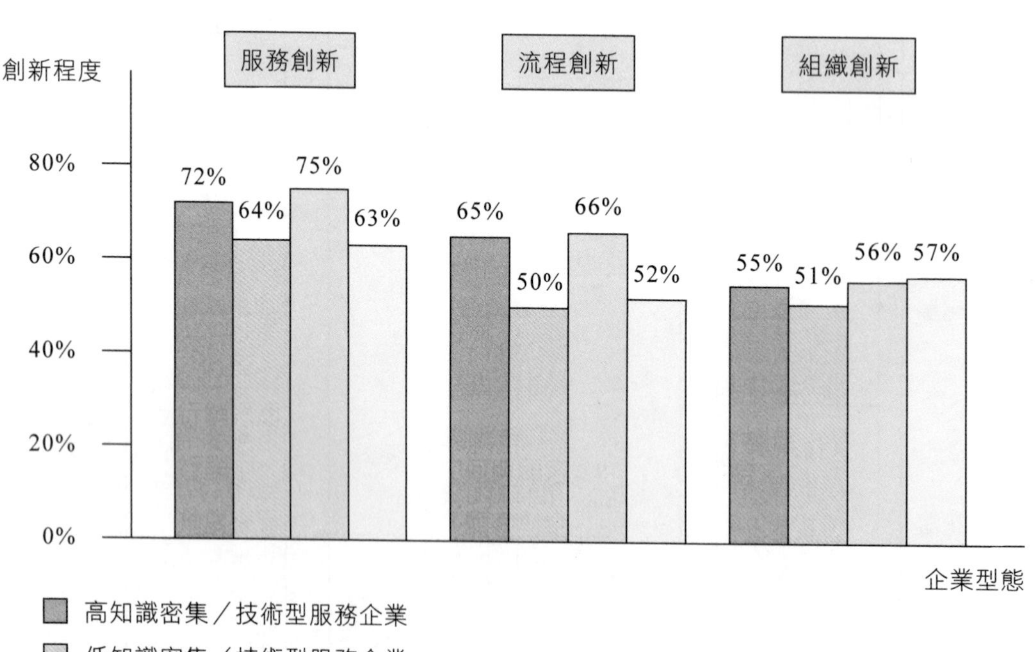

圖 5-4　企業創新程度

㈡創新支出方面

企業投資在服務創新之支出可歸納為六項：

1. 改善服務產出方法。
2. 投資於機器設備。
3. 與服務創新之直接相關人員訓練費用。
4. 新服務介紹之準備。
5. 新服務市場介紹。
6. 新服務之研發。

前述六項創新支出中，前二項與流程創新相關性極高，投資之目的在於建立標準化服務，創造成本優勢。低知識密集之非技術型公司在這兩項有相當明顯之高度支出，高知識密集之技術型公司則在此二項支出明顯較低。後者在新服務之研發則有相對較高之支出。

㈢創新資訊來源方面

企業創新之資訊來源包括：

⑴顧客⑵競爭者⑶顧問⑷出版品⑸供應商⑹展覽⑺大學⑻研究單位。

整體性而言，企業創新之資訊來源主要為「顧客」，無論其知識密集程度如何，屬科技服務公司或一般服務公司，咸視「顧客」為創新之最重要資訊來源，以顧客回應及顧客提供之意見作為服務創新之重要參考依據。然而，值得注意的是，縱使如此，四種類型之企業對顧客之重視度均不高，大部分未超過半數。參見圖 5-5。

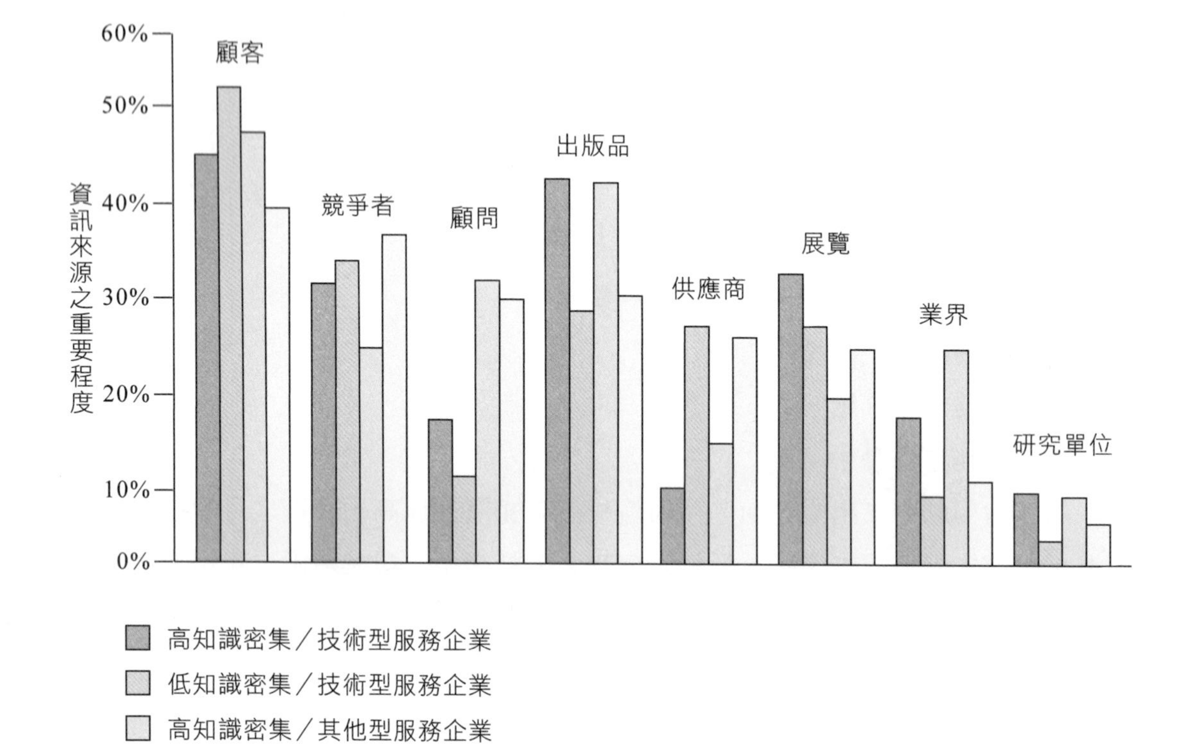

圖 5-5 創新資訊來源

問題討論

1. 試述如何從建立文化、市場定位及連結活動等三個構面建立服務優勢。
2. 試舉例說明企業如何以「創造話題」建立服務優勢。
3. 試舉例說明已先占市場且建立品牌優勢之企業如何「與時俱進」，永保服務優勢。

2

創新服務行銷

第六章
顧客價值

本章概要

第一節　顧客價值之意涵
第二節　創造顧客價值
一、創造顧客價值五部曲
二、創造企業價值
三、五部曲之執行
第三節　創造顧客價值之成功經驗

第一節　顧客價值之意涵

在農業社會中，交易僅為「財」與「物」之交換，對商品之需求僅為滿足民生基本需要，此階段消費者研究之重點在分析基本的「人口統計變數（性別、所得等）」下，用什麼樣的「貨」可以交換到什麼樣的財，稱為第一級（初級）銷售訴求。

隨著工業化社會的來臨以及通路經驗的累積，銷售訴求逐漸演化成滿足「生活功能」之所需，通路商開始研究怎樣的商品組合可以滿足消費者需要，也漸漸學會將零售店貨架之陳列依據顧客生活機能加以調整，例如超市的生鮮品貨架會依照顧客票選食譜的內容，將相關商品陳列一起，方便顧客選購，這是屬第二級的銷售訴求。此階段消費者研究之重點在「生活型態」的調查，這時的顧客價值是「滿足顧客生活機能」，對「顧客」的定義是以族群為單位，仍然不是個別顧客的核心價值。

第三級的銷售訴求強調要和個別顧客內心深處產生共鳴，讓顧客產生強烈的認同感；典型的例子是西式速食業龍頭麥當勞，麥當勞的黃色M型符號喚起小朋友心中歡樂美味的認同，進而影響父母親的消費選擇。在這個等級的通路經營上，廠商重視的已經超越「人口統計變數」、「生活型態變數」等，而是進展到「價值觀」、「人格特質」等深層的顧客心理，從而建立以顧客核心價值為依歸的銷售訴求。

「顧客核心價值」究竟是什麼？傳統行銷專家認為「顧客價值」是指顧客「所知覺到的收穫」相對於「所付出的代價」的比值，亦即如「物超所值」的概念；或者如便利商店提供的「顧客價值」是「便利」，因此顧客願意付出較高的價格來換取時間、地點上的便利性。近期的學者則強調所謂「顧客價值」是指「顧客的需要在『情緒』上被滿足的程度」，至於哪些「需要」可以滿足顧客情緒，則因商品及服務性質的不同而有差異，必須進一步透過行銷研究與統計分析才能得到具體結論。Woodruff（*1997*）指出「顧客價值」之特徵：

1. 顧客價值必然因某種產品或服務的消費所引起。

2. 是一種顧客主觀的感覺，非廠商所能客觀認定。

3. 必然存在「收穫」和「代價」之間的比較。

4. 在消費過程的不同階段，顧客會感受到不同的顧客價值。

依據Woodruff（*1997*）的看法，「顧客價值」是指顧客在消費過程中，情緒上所感受到的「事後滿足」與「事前期望」的差距，而這種情緒上的比較，涵蓋了所享用到的商品或服務的「原始屬性」（如口味、顏色、包材等）、這個商品或服務屬性所產生的「消費感受」（如解渴、清涼、酷炫等），以及消費者進行消費行為後在心靈層次的「滿足」。因此在思考「顧客價值」時，除了考慮商品及服務本身的價值外，還要進一步考慮這些屬性帶給顧客的「感受」，以及這些消費背後所引發的心理意涵之「顧客價值」。

顧客價值是新服務發展之核心因素，能創造顧客價值之服務才是有價值的服務，有價值的服務才能轉化為服務利潤及優勢。Heskett 等（*1994*）提出服務利潤鏈概念，如圖 6-1，企業藉由服務發展策略傳送服務價值，服務價值驅動顧客滿意，顧客滿意驅動顧客忠誠，繼而創造收益成長與獲利提高，整個服務利潤的根源即在於「服務價值」。

Slywotzky（*1996*）指出顧客依據他們心目中消費的優先順位進行消費選擇，欲了解顧客消費的順位並不僅止於了解顧客對商品或服務的需要，顧客真正需要的可能是從複雜的決策過程得到滿足，而這些決策過程受到許多外在因素影響，

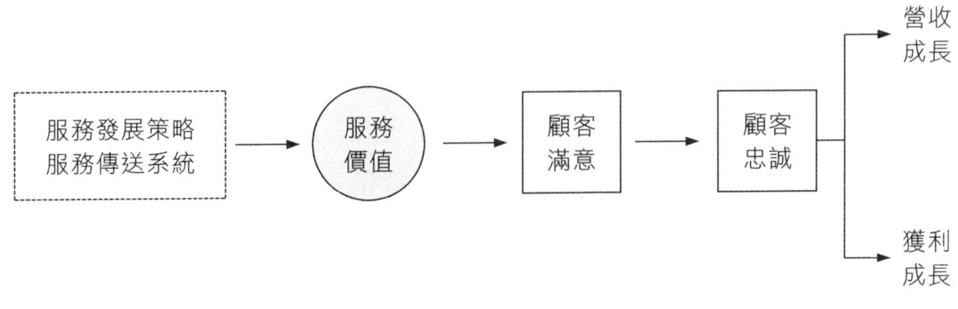

圖 6-1 服務利潤鏈

諸如：法規、科技、現有及新的供應商等。

Knox 和 Maklan（*1998*）提出顧客價值之組成元素，包括：資訊、關係、客製化及顧客導向等。 Simchi-Levi 和 Kaminsky（*2000*）將顧客價值定義為：顧客對企業所提供之所有有形商品及無形服務等之認知方式。顧客認知包含幾個面向：滿足需求、商品選擇、價格與品牌、附加價值服務，以及關係與交易經驗等。

Tyndall等（*1998*）將顧客價值定義為：商品及服務的提供超越顧客需求及期待的程度，亦即對顧客績效提升的程度，並且強調商品及服務之提供必須能夠使供給方及消費者雙方互利。進一步闡述，顧客價值意指顧客與供應商攜手努力降低成本，而非僅止於以準時交貨滿足顧客。其強調優質的供應商提供的服務除了滿足顧客之外，還必須使顧客從中獲利，營運重點除了致力於降低成本之外，尚須專注於創造收入與利潤，將價值注入於與顧客的關係之中，而非僅專注於撙節成本。新服務模式必須超越傳統商業，在以產品與服務的差異化滿足顧客之餘，更重要的在於提供美好的交易經驗取悅顧客。

Tyndall 等（*1998*）進一步提出現代化商業環境潛藏許多無法預期之價值創造（value-creation）機會，諸如：顧客期待更多的商品選擇與更高品質、客製化與物流配送、專業諮詢以及策略性支援等。他們提出從供應鏈角度創造顧客價值，例如：供應鏈的運作以顧客導向為中心、建立顧客互動系統，以及與顧客建立夥伴關係等。Parolini（*1999*）從價值、價格及成本三個層次來界定顧客價值，其價值模式如圖 6-2。Parolini（*1999*）提出價值創造系統（value-creating system, VCS）的概念，並將之定義為為顧客創造價值之活動組合。價值創造系統所創造的顧客價值包括兩部分：最終顧客所獲致之價值與價值創造夥伴（value-creating players）所獲致之價值。根據Parolini的價值模式（value-model）觀點，價值創造系統所創造之整體淨價值為「顧客對產品／服務所認知之總價值」與「價值創造系統創造價值之過程所發生之總成本」間之差額。最終顧客獲致之淨價值（net value）定義為：顧客對產品／服務所認知之總價值與取得這些產品／服務之價格間之差額。價值創造夥伴所獲致之淨價值定義為：買方支付之總價格與價值創造夥伴所承擔之總成本間之差額。

Parolini（*1999*）強調顧客價值與顧客對商品或服務認定之價值有極度關聯，而有許多因素影響顧客對價值之認知，包括：消費者個人特質、環境因素，以及互補及替代性商品之成本等。圖 6-2 價值派呈現價值創造系統相關元素之關聯。C 區塊為商品／服務之取得成本；B 區塊代表商品／服務之售價與成本之差額，即為利潤，從價值觀點來看即為創造這個利潤的供應鏈夥伴共同創造的綜合利潤，亦可稱之為淨價值。A 區塊代表整個價值創造系統所創造之總價值扣除前述B區塊價值創造夥伴獲得之淨價值後之剩餘價值，此即為最終顧客獲得之淨價值。從價值派來看：

1. 若商品／服務無法為最終顧客創造價值，則A區塊將不存在。亦即，即使

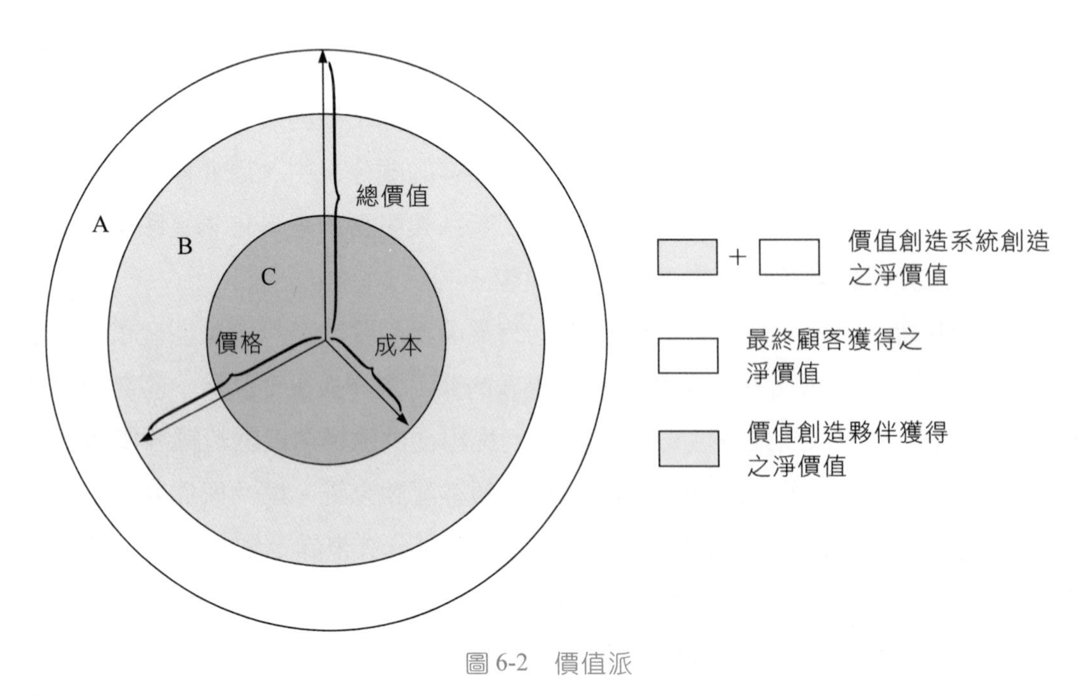

圖 6-2　價值派

資料來源：Parolini, 1999。

供應鏈夥伴藉由最終顧客支付高於成本之價格而獲取利潤，供應鏈夥伴因之獲得價值，但最終顧客未必獲得淨價值。

2. 在整個價值創造系統中，供應鏈夥伴可以從有形價差獲取價值，但最終顧客獲取之價值卻非有形的價差可以呈現。

De Bonis 等（*2003*）指出企業創造顧客價值之精神，在於定位目標顧客，推出比競爭對手更好的方案來為顧客創造利益，並且使公司獲利。他們提出更完整的顧客價值模式：Value ＝ DB / RC，DB 代表顧客預期獲得的利益；RC 代表顧客為獲取從服務得到的利益所需付出的代價，主要包括：取得成本（acquisition costs）、持有成本（possession costs）、使用成本（usage costs）以及相關的機會成本等。這個價值模式對顧客價值進行更具體剖析，指引企業創造或提高顧客價值之努力方向。提高顧客價值可從兩方面著手：提高預期利益，或降低相對成本。

綜整上述對顧客價值之定義，主要包括意涵：

1. 顧客對企業提供的商品與服務之整體認知方式。
2. 商品及服務的提供超越顧客需求與顧客期望改善績效的程度。
3. 顧客價值之定義：顧客所認知到之服務價值超越顧客所期待之程度。亦即，超越程度愈高，顧客價值愈高。反之，若顧客所感受到之服務價值低於其所期待之價值，則顧客價值為負值。表 6-1 彙整學者對顧客價值之定義。

第二節　創造顧客價值

De Bonis 等（*2003*）提出創造顧客價值之五部曲，包括：(1)發掘(2)承諾(3)創造(4)評量(5)改善，其提出之顧客價值理論強調創造顧客價值必先區隔並找到目標顧客群，目標顧客群必須具備相同或類似的價值模式，亦即代表背後的購買決策驅動因子雷同，並且這個價值模式對企業而言具有競爭優勢。

一、創造顧客價值五部曲

創造顧客價值之五部曲參見圖 6-3。

表 6-1 顧客價值之定義

姓 名	年份	定 義
Woodruff	1997	指顧客在消費過程中，情緒上所感受到的「事後滿足」與「事前期望」之差距。這種情緒上之比較，涵蓋了商品或服務的「原始屬性」、屬性帶給顧客的「感受」，以及這些背後所引發的心靈層次之「滿足」。
Tyndall et al.	1998	商品及服務的提供超越顧客需求及期待的程度，亦即強化顧客績效的程度，並且強調商品及服務之提供必須能夠使供給方及消費者雙方互利。
Simchi-Levi and Kaminsky	2000	顧客對企業所提供之所有有形商品及無形服務等之認知方式。
Parolini	1999	顧客對產品／服務所認知之總價值與取得這些產品／服務之價格間之差額。
De Bonis et al.	2003	顧客價值＝顧客預期獲得的利益／顧客為獲取從服務得到的利益所需付出的代價

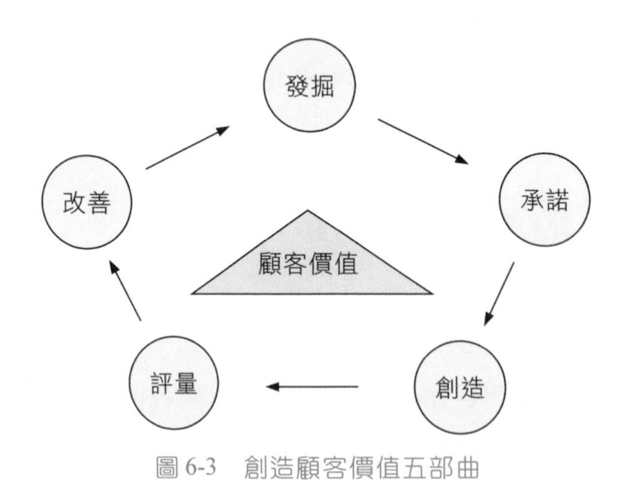

圖 6-3 創造顧客價值五部曲

顧客價值五部曲之核心精神在於建構一個以價值為導向之最佳化系統，統整了企業流程、人員、產能、資源與資金，以創造顧客價值，並追求企業獲利成長，簡言之，推行顧客價值五部曲之目的在於提供下列三項關鍵問題明確答案：

1. 顧客價值承諾是否提供真正的價值給顧客？

2. 顧客價值承諾是否優於競爭者之顧客價值承諾？

3. 顧客價值承諾是否為企業帶來獲利？

圖 6-4 說明顧客價值創造係為上述三項關鍵訴求之交集，亦即顧客價值之創造必須能同時滿足顧客真實價值、優於競爭者、使企業獲利等三個構面之訴求。

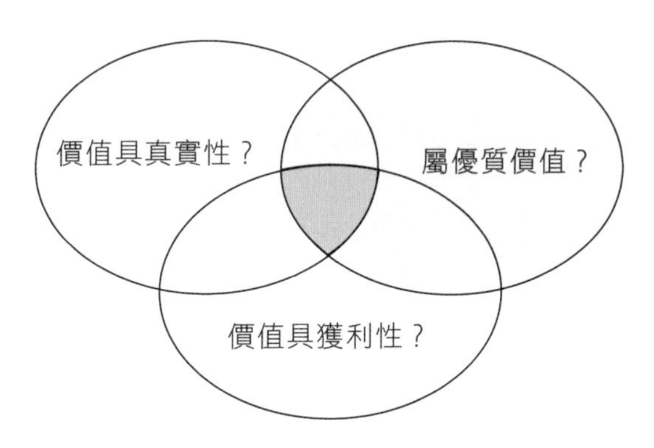

圖 6-4 顧客價值之關聯構面

二、創造企業價值

顧客價值必須與企業價值連結，因之，從價值創造之角度來看，從顧客感受到之真實價值到企業獲利之價值間有一定脈絡可循，參見圖 6-5。

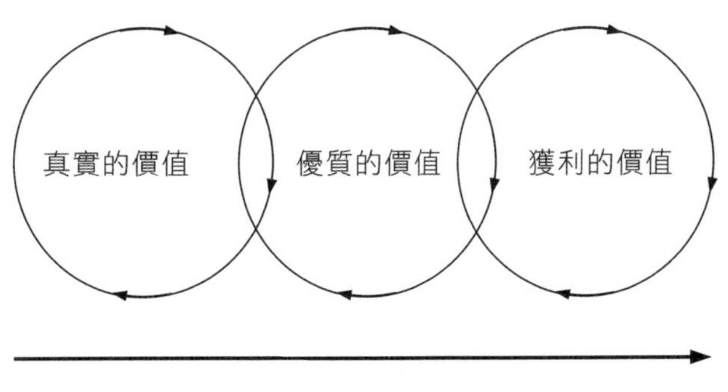

圖 6-5 企業價值發展程序

各階段所涵蓋之議題參見表 6-2。

表 6-2　企業價值之發展議題

價值具真實性？	價值較優？	價值具獲利性？
市場是否明確？ 誰是顧客？ 顧客如何區隔？ 顧客目前的行為及消費模式？ 什麼是較具意義的？	企業提供的價值是否優於替代方案？ 為何及如何優於其他方案？ 針對哪些顧客群而設計？ 價值導向之定價是否恰當？	可以獲利嗎？ 會發生哪些成本？ 負擔得起成本嗎？ 哪些費用應該停止支付？ 何時可獲利？ 可獲得經濟性利益嗎？
價值提案是否明確？ 什麼是關鍵性價值要素？ 顧客價值選擇有哪些？ 顧客如何獲利？ 顧客會放棄哪些？ 企業提供之價值能量化嗎？	價值提案能否發展？ 可順利傳送價值嗎？ 銷售、服務及供應鏈是否已整備？ 流程是否整頓好？ 顧客通路是否妥適？ 顧客關係已掌握？ 是否可提供價值給顧客？	符合公司目標與任務嗎？ 與其他投資比較如何？ 與企業提供之服務組合吻合嗎？ 哪些投資應該停止？ 與企業策略性方向吻合嗎？
可博得顧客信任嗎？ 顧客為何會感覺較好？ 時間點對顧客是適當的嗎？ 對顧客真的有意義嗎？	市場信任所提供之價值嗎？ 為何新價值提案可提升市場定位？ 這個時點對市場之拓展合適嗎？ 確實創造了差異化嗎？	企業組織支持嗎？ 企業領導人支持嗎？ 對企業未來發展有利嗎？

三、五部曲之執行

㈠發掘

此階段之執行重點包括：

發掘顧客需求以及其價值期待；發掘顧客眼中之企業形象；發掘價值鏈中價值承諾之最終使用者及所有通路成員；發掘並量化價值鏈成員間之價值；發掘哪些顧客價值區塊存在。

上述議題指出發掘顧客需求必須超越傳統顧客現況調查或傾聽的行銷手段，採取主動，融合注意傾聽、創造力、想像力，甚至推測等手法，深入發掘顧客潛在需求。假如戴爾電腦只傾聽傳統通路夥伴之需求，則其將不可能發展出成功的電腦直銷服務模式。

執行步驟：

1. 定義並描繪市場輪廓

從顧客角度觀察市場及企業所提供之服務，了解顧客選擇及其原因，依據顧客需求定義市場。

2. 了解顧客價值期待

釐清並量化顧客所獲得之利益，了解顧客為何願意放棄其他選擇。每位顧客依其獨特之價值系統表現出購買模式，了解其購買行為與價值驅動因子是價值區隔之第一步。此協助企業搜尋目標顧客。

3. 發掘顧客價值區塊

顧客價值區隔之精神強調市場的組合可分割為不同群組之顧客群，每群組係屬同質性需求及價值驅動因子。了解顧客價值區隔之後，找出各群組顧客未滿足之需求及價值期待提供服務。

4. 評估競爭優勢

了解特定顧客價值區塊中顧客對企業以及競爭對手提供的服務之認知，評估顧客對企業以及競爭對手所提供之顧客價值承諾，以了解企業之競爭優勢。然而，評估過程切勿掉入傳統聚焦於分析競爭對手之陷阱，下列二點是極容易觸犯之錯誤：

⑴服務的改善係依據競爭的項目，誤認競爭的項目即為顧客所在意的。

⑵企業與競爭對手彼此聚焦，忽略了所較勁的項目是否真正與顧客相關。企業經常著重在改善現有的、已經知悉的，以及已經進行的投資項目，而非提出獨特的顧客價值承諾。

5. 選擇目標顧客之價值區隔

依據顧客價值的吸引力以及企業在該區塊傳送優質顧客價值之競爭力等，來選擇企業切入之區塊。企業必須選擇顧客終身價值為正值且高值化之區塊。

㈡承諾

一旦獲悉顧客需求與價值期待，必須對顧客提供正式承諾，以滿足或超越其期待。執行關鍵點在於對每個顧客價值區塊賦予顧客價值承諾，剔除不必要之資源浪費，使顧客認同其自企業接收到之價值，並肯定企業所提供之顧客價值承諾。

1. 定義顧客價值區塊策略

針對每個顧客價值區塊評估顧客目標，可採取四種目標：

⑴成長：包括：擴展顧客價值區塊之規模、擴展顧客需求的覆蓋率、自競爭者搶奪顧客，或是上述三者之組合。

⑵維持：在某特定之顧客價值區塊中，保護並維持成長定位，並使獲利最大化。

⑶收割：在某特定之顧客價值區塊中，進行極小投資或不再進行投資，僅自顧客價值區塊中收取現金。

⑷撤離：假若已不再獲利，則應選擇撤離該區塊。

2. 發展優質服務

根據顧客價值承諾，提供相對應之顧客價值區塊優質之服務，並將顧客價值承諾與品牌連結。發展優質服務之最佳典範：

⑴顧客價值區隔：價值承諾係針對哪些特定顧客？例如：購買大罐裝黏著劑之顧客等。

⑵顧客價值：提供目標客群哪些特定之價值？例如：便利且方便購買、價格透明等。

⑶優質價值：提供給目標客群哪些優於競爭對手的價值要素？例如：具成本優勢、最容易與之進行交易等。

⑷使供應商獲利。

⑸醒目標語：提出簡潔且醒目的價值承諾標語，使顧客印象深刻。例如：最快速且最便宜之大罐裝黏著劑等。

3. 發展適當組織

確定顧客價值承諾之後，企業需整備其組織狀態以有效的傳送價值給目標顧客，整備的項目包括：人力、資源、流程以及系統。例如：假若公司的顧客價值承諾為提供目標客群最新之研發產品，則必須檢視的項目為：

⑴發展新概念及導入研發的研發與設計能量。

⑵建置團隊組織，專責與顧客互動及建立深度關係。

⑶將顧客需求轉化為特定技術或解決方案的行銷能力。

相對的，假若目標顧客屬於較作業型及經濟型，要求高品質但較標準化之服務，則企業研發能量之重要性將相對較低，而供應鏈之效率、成本管控能力、更高直銷能量，以及傳統型交易之速度與準確度等因素將顯得更具價值，在此種狀況之下，企業可考量將研發功能委外進行，專注於其他企業較專精且能創造價值之區塊。

確定顧客價值承諾及分析組織資源之配置現況之後，很可能二者之間存在相當落差，故而需進一步分析解決方案，最主要在於考量不足之處如何補強，可採行方案包括：企業內發展、外購、策略聯盟及委外等，其精神在於結合及運用外部資源強化內部資源之不足，請參考表 6-3 差異分析。

表 6-3 顧客承諾與組織能力差異分析圖

顧客承諾	企業才能	內部發展	外 購	策略聯盟	委 外
…………	…………	●			
…………	…………		●		
…………	…………			●	
…………	…………				●

4. 定義關鍵績效指標

通常，企業的行銷目標以利潤為依歸，作業目標以成本降低為指標，銷售指標以收入成長為標的。意即，財務面之指標被企業採用之機率相當高。然而，在以顧客價值為導向之企業運作中，關鍵績效指標經常建立在非財務型目標之上，甚至包括顧客基礎之關鍵指標。非財務型之指標包括：

⑴顧客價值區塊需求之占有率。

⑵顧客價值區塊中之品牌定位。

⑶顧客價值承諾之認知程度。

⑷新顧客之獲得率。

⑸現有顧客之保留率。

⑹自新顧客價值承諾之銷售所得。

⑺從新顧客價值承諾所獲致之銷售收入占總體銷售額之比例。

⑻新顧客價值承諾之上市時間。

一旦針對特定價值區塊定義了獨特之顧客價值承諾後，需進一步就銷售收入、成本以及獲利等訂定目標值，並訂定績效指標以追蹤目標達成程度。這些目標及關鍵績效指標訂定完成之後，必須在企業內進行廣泛的溝通並取得共識，包括與這些目標相關之所有團隊成員。

特別提醒，訂定目標時千萬不可一味採用內部構面而忽略了顧客構面，務需了解顧客的衡量標準，所訂定之目標與指標需反映顧客價值組合與構面。此外，衡量指標亦需考量競爭對手之顧客價值承諾，以便突破正規之供應商與顧客構面之衡量格局，從競爭者構面尋求服務改善之道。茲列舉與顧客價值區隔滿足相關之外部因素：

⑴顧客滿意度：影響顧客之重複購買意願。

⑵新顧客之獲得：特別針對從其他品牌移轉來之顧客。

⑶成為產業中價值導向型企業之標竿。

⑷現有顧客介紹之新顧客。

⑸正面報導。

顧客價值期待是變動性的，當其期待被滿足或期待消失時，其消費行為即可能改變，一個價值導向型之企業經常觀察顧客價值之驅動因子，並持續努力提升其創造價值之能力，只有持續在顧客價值創造各階段收集顧客之回應與評價，企業才可掌握顧客變動之價值期待以及新價值驅動因子，導引企業規劃與行銷。總之，績效指標需能反映變動之顧客價值期待。

5. 內外部溝通

每一個顧客價值區塊具有獨特之需求與期待，行銷語言不可一體適用。顧客進行價值導向之採購決策時需要哪些顧客價值承諾相關資訊？何時需求這些資訊？透過何種型式？專業行銷人員擅長與顧客約定，熟悉公司產品與服務之特質，知道如何發掘顧客目的，並將之轉換成利益。價值導向之行銷不僅止於完成一個交易，著重在如何使顧客獲致最大之價值，也就是交易聚焦於顧客之價值期待，演變為「價值銷售」（value selling）。價值銷售係屬長期性之關係與獲利，而非短期性之交易與收入；價值銷售之目的在於創造顧客終身價值與顧客忠誠；價值銷售意謂著了解顧客的世界以及其對價值之認知。欲達到這些目的必須進行：

⑴銷售前調查：分析顧客價值與期待，以便發展顧客價值承諾。

⑵銷售中調查：確認顧客價值傳送是必要的。

下列五個問題提供了與顧客互動之重要思維方向：

⑴顧客如何做生意?

⑵顧客成本模式為何?

⑶顧客面對哪些問題?

⑷對顧客而言，服務改善具備哪些量化價值?

⑸顧客將面對哪些改變? 這些改變在未來 1 至 5 年將對顧客造成哪些影響?

特別強調，最大的溝通障礙通常在於行銷人員一味強調公司產品與服務之特色，而忽略了顧客之需求與期待。當銷售員推銷公司產品或服務時，顧客需努力將價值承諾轉化，評估此承諾之利益，並與競爭者之價值承諾比較。

某些公司成立顧客問題解決小組，專責服務向公司購買多項產品與服務之顧客群，這個團隊形同企業對顧客之眼睛及耳朵，也是企業內最值得倚重與信賴之方案提供者。

綜言之，價值銷售希望達到下列目標：

⑴了解顧客真正之需求，並了解顧客願意為尚未被滿足之需求支付之金額。

⑵發展出符合顧客價值需求與期待之專業性與具獲利性之顧客價值承諾。

⑶區隔顧客心目中各項優質服務之價值。

⑷激勵顧客採取行動。

外部溝通通常指透過廣告、公共關係與網頁等媒介與目標顧客進行互動，執

表 6-4 「產品導向」與「價值導向」溝通型態之行銷戰略比較

	產品導向型溝通	價值導向型溝通
策 略	聚焦於產品競爭與利益	與顧客溝通價值承諾
目 的	說服顧客公司產品與服務之優異性	說服目標客戶其產品符合顧客價值需求與期待
戰 術	產品定位與差異化，以產品可創造優於競爭者之利益吸引顧客	定位顧客價值承諾，與每位目標顧客溝通承諾之意義與衝擊
對顧客之衝擊	對產品較好的了解可能創造銷售或引發顧客新需求	顧客價值承諾引發更快速與符合成本效益決策之顧客價值區隔
對企業之衝擊	儘管可能提高銷售，但一體適用之行銷策略使得顧客無法認知該服務之最佳性，因之形成資源過度浪費。	針對目標客群進行促銷帶動企業變革

行原則：

⑴了解顧客個別之價值期待。

⑵超越其期待。

⑶顧客將從公司獲致多於競爭對手有關於顧客價值承諾之相關資訊。

表 6-4 比較「產品導向」與「價值導向」兩種溝通型態之行銷戰略。

㈢創造顧客價值

1. 發展顧客價值承諾文化

企業經常汲汲於改造營運流程以建立競爭力，卻忽略了是否創造並傳遞了顧客價值。每位顧客具備特定之價值組合，一旦獲得滿足即將吸引非價格敏感型顧客之回應，關鍵在於定義這些價值元素，一旦確定顧客區塊之價值期待，企業必須建置內部協同機制以傳遞顧客期待之價值。顧客價值承諾不應淪為口號，而應貫徹成為企業之正規行為模式，並且需有適當的授權，以支持足夠的執行動力。每個顧客接觸點均可能創造或破壞價值。假若公司員工對顧客價值期待或是企業可貢獻給市場之價值缺乏足夠之認知，則這些員工勢必無法傳送價值。公司上下包含產品經理、顧客服務代表、技術服務代表等各層級員工均需知悉其可提供給顧客之價值，工作團隊需予充分授權創造並傳遞顧客價值，並且應有配套之獎勵機制。相關員工應訓練養成其需具備之知識與技能，並且需定期將顧客回應與關鍵績效指標與企業各部門溝通，最重要的是，整體顧客價值文化之營造與貫徹需由企業最高領導者掌舵。

2. 規劃顧客價值流程

傳送顧客價值需明確訂定所有相關之流程、子流程與個別活動，包括了解顧客、創造顧客承諾、將顧客承諾轉化為執行方案，以及將顧客承諾與顧客滿意度結合。此外，企業尚需因應顧客需求之變動賡續調整顧客承諾。

3. 培育員工傳送顧客價值知能

人力資源是企業所擁有最珍貴，且為其他企業所無法複製之資產，為實現顧客價值承諾，企業需建置有效率之人力資源訓練與與發展系統，針對公司各功能層級傳送顧客價值流程所需之人員知識與技能進行養成、訓練與發展，價值傳送需予評估與激勵。

4. 建置適當之基礎建設

為順利傳送顧客價值需進行相關基礎環境之建置，包括與顧客價值承諾相關之有形實體與無形服務相關之各要素，諸如選擇適當之價值通路以傳送顧客價值、建置知識管理系統以發展顧客價值創造。目標導向之通路策略必須以明確之顧客價值區隔認知以及企業所處之競爭定位與能力為前提。單一通路策略或許可以符合某特定區塊之顧客價值，但同時則未能符合其他區塊顧客之期待；多重通路策略或許可滿足多數區塊顧客之期待，但卻需面對品牌管理、市場定位以及跨通路定價等挑戰。表 6-5 通路選擇矩陣協助企業分析哪些營業活動由企業主導，哪些與他企業聯盟，以及哪些應委外。

標準化通路意指針對同一顧客價值區塊提供相同價值承諾；大量客製化通路意指顧客價值承諾係由其所提供之顧客價值區塊所創造與管理；價值承諾通路意指由顧客價值區塊本身指揮通路夥伴傳送顧客價值。

5. 執行顧客價值

一旦完成了解顧客、設計與創造顧客價值承諾等步驟之後，需進一步擬定具

表 6-5 通路選擇

	擁　有	合　夥	外　購
標準化通路	銷售與行銷、公司網頁、訂單處理	採購合作	委外採購
大量客製化通路	顧客與技術服務	公司信用卡	傳送服務、付款與收集資料
價值承諾通路	主要客戶管理	客戶資料庫	合約協商服務

體之執行方案，包括明確定義與執行順位等（表 6-6）。

圖 6-6 以矩陣分析傳送顧客價值執行方案之效率與成效，藉以設定方案之執行順位。矩陣橫軸代表傳送顧客價值之高低，縱軸為傳送顧客價值之能力，右上 A 格代表傳達顧客價值高且傳送顧客價值之達成能力高，稱之為「優勝者」，意謂已經做好最佳準備傳送優質之顧客價值，此部分應設定為最高執行順位；左下 D 格代表傳送顧客價值及達成能力均弱，此類型屬失敗者，應列為最低順位，或考慮將之從行動方案中剔除。

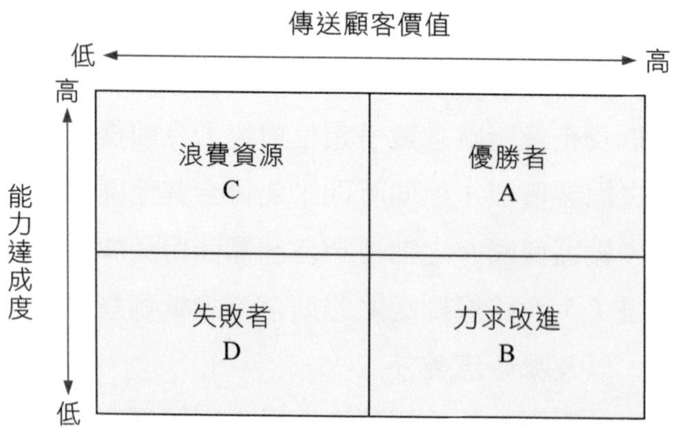

圖 6-6 執行顧客價值承諾之行動順位

表 6-6 顧客承諾行動方案

顧客承諾細節		補救方案				
顧客價值	承諾元素	行動方案	由誰完成	什麼時間	需要時間	預期結果
1. 優先提供給目標顧客創新性商品	1. 讓顧客優先觀摩研發實驗室，了解研發產品	與目標顧客按月進行研發研討會議		?	?人天	擬定一年內每月與目標顧客會議之時程
		每月撥出一天半時間與目標顧客分享產能狀況與技術開發進度	研發主管	?	每月?人天	確定顧客可快速自公司最新之產品概念與技術成果中獲利
	2. 針對研發功能發展有意義之回饋機制					
2.						
…						

㈣評量顧客回應

據估計獲得一個新顧客之成本是維持現有顧客成本之 5 至 100 倍，顧客保留率對企業營運有關鍵性影響，顧客對企業所傳送之價值如何評價是影響企業成敗之關鍵因素。

1. 追蹤企業營運成敗

傳統行銷假設為：顧客持續購買意謂顧客滿意與忠誠，且顯示企業組織為價值導向。上述假設並不完全客觀，有相當多理由指向重複購買與顧客價值承諾並無關聯。有關收集顧客回應以進行企業成敗分析有四種方式：

⑴顧客回應：顧客直接提供之問題或抱怨。

⑵定期市調：在顧客尚未成型之前進行顧客評量。

⑶缺失研究：針對流失之顧客進行調查，找出根本原因。

⑷顧客團體：持續進行績效與落差之評量。

2. 主動尋求顧客回應

基本問題：

⑴現世代顧客的世界像什麼？

⑵企業投資成本如何對照到顧客之成本藍圖？

⑶任何改善對顧客挹注哪些價值？

3. 處理顧客抱怨

大部分企業花費95%的精神處理顧客抱怨，卻僅只花費5%的精神分析顧客抱怨。顧客抱怨分三種型態：⑴抱怨未獲認同，因之未獲解決。此類型之顧客保留率通常低於10%；⑵抱怨已獲悉，但解決之程度並未博得顧客滿意，此類型之顧客保留率約為20%；⑶抱怨獲認同且獲解決，顧客保留率高達54%。

顧客抱怨必須有系統的納入管理，對抱怨賦予同理心及回應性，處理顧客抱怨必須滿足下列之顧客期望：

⑴有便利管道提出抱怨。

⑵抱怨得到認同。

⑶承諾明確之改善時程。

⑷提供解決方案。

⑸確認顧客滿意企業提出之解決方案。

⑹充分授權負責之員工處理抱怨。

⑺分析釐清顧客抱怨之關鍵因素。

⑻顧客抱怨系統必須由人工操作，不宜以自動機器擔綱。

4. 評量顧客期待之績效

企業欲確實掌握顧客期待除了自企業內部及顧客獲取資訊之外，應匡列專款進行相關資料之收集與研究，目的在於補強或驗證現有資料。研究步驟如下：

⑴確認研究目的：決定哪些企業決策可藉由研究結果提供改善。

⑵自企業外部收集與分析顧客之次級資料：資料來源包括交易報導、產業公協會資料、產業分析資料及顧客刊物等。

⑶選擇資料收集方法：考慮深度訪談、問卷法或焦點團體等方法，無論採用何種方式，需特別強調是否收集到真實的、第一手的顧客回應資料，必須於過程中引導顧客傳達真實的感受。若採用問卷方式則應排除傳統封閉式之問卷，採用開放式問卷收集顧客真正之感受。

⑷篩選樣本：研究樣本之篩選需考慮針對所研究之顧客價值區塊全部普查，或是僅篩選代表樣本。

⑸分析與解讀研究資料：研究人員可依據研究結果整合相關論點，發展出相關指標以及擬定相關顧客價值傳送策略。特別提醒，策略制定不應僅只參考研究所得資訊，尚需考量參酌直覺與經驗。

5. 分析改善

企業為使研究所得結果對顧客價值之傳送產生實質改善，企業應具體分析綜整研究結果，並將之轉化為改善顧客價值傳送之方案。

㈤評估與改善價值

為了強化顧客價值承諾，企業需正視顧客期待與企業提供之服務水準間之落差，尋求改善。經由前述步驟了解顧客評價與回應之後，企業無需急於採取行動，而應返回前段步驟，徹底反省是否確實了解顧客需求，思考：「現今顧客之需求有哪些尚未被發掘？」可能企業必須重新賦予顧客承諾以及改善價值創造模式；抑或需要重新建置顧客回應及價值評量機制。

某知名國際飲料製造商的新飲料配方宣告失敗，原因在於其新配方上市之前透過焦點團體收集顧客意見時，未能詢問顧客充足且正確的問題，以致並未充分掌握顧客之購買行為。當詢問顧客：「新口味是否優於舊口味？」時，顧客的答覆是正面的，結果新品上市敗北。經過檢討當時詢問之問題應修正為：「新口味確實優於舊口味，且您願意改買新口味嗎？」

評量顧客價值區塊對行銷效果與獲利性之影響，意謂著藉由掌握未來趨勢，預知顧客變動之需求與期待，如此可望奪得價值領先地位。根據評量結果調整與強化顧客承諾。改善顧客價值包含五個主要步驟：

1. 找出關鍵問題點

營運評核之主要目的在於找出哪些區塊已傳遞了顧客價值，以及哪些區塊尚未成功。針對前者需予強化，針對後者則需進一步檢視基本的區隔策略，並重新定義顧客承諾。價值導向之行銷意涵有別於傳統之行銷意涵，後者僅重視透過行銷獲得銷售量與獲利之提高，而價值導向之行銷則強調顧客與企業雙贏，中心理念主張唯有藉由價值承諾滿足顧客才有可能創造企業利潤，著重在顧客價值與企業獲利之必要關聯性。

企業經常因為某些評量之誤失而無法達到營運目標，這些誤失包括：評量之順位誤失、錯誤的顧客認知、將顧客一致化、著重在企業營運效率相關之因素而非與顧客價值相關要素、從競爭的觀點而非從顧客價值之觀點進行評量、評量過度。圖 6-7 說明價值導向之行銷評量順位。

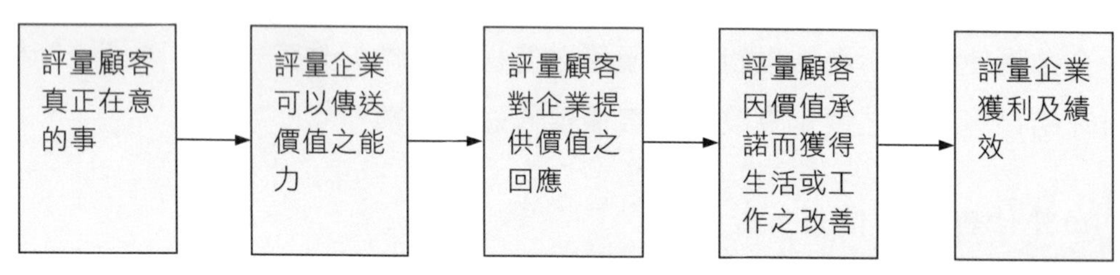

圖 6-7　價值導向行銷之評量順位

2. 了解顧客

顧客之認知非一成不變，對顧客之了解也應隨時調整。企業針對不同之顧客區塊擬定顧客承諾策略，經過一段時間營運，由於顧客認知之變遷，原有區塊之策略可能已無法滿足顧客期望，需重新調整區塊之定位與服務策略。此外，企業經常面臨的挑戰在於僅能滿足某些區塊之顧客，某些特定區塊顧客則始終難以突破，此時企業應深入檢視企業資源是否及如何耕耘這些企業較弱之區塊，因為極有可能這些區塊之顧客需求企業始終無法完全掌握，一旦突破則將有相當大助益。

3. 重新定義顧客價值承諾

依據前述，重新了解顧客需求之後必須重新定義顧客價值承諾，組織架構亦應視需要調整。

4. 改善顧客價值

企業需依據顧客了解與顧客價值承諾之調整，進行組織、人員及基礎設施等相關調整。執行步驟：

⑴網羅對顧客滿意度具影響力之人員組成多功能工作編組，邀請參與團隊之人員分析及解讀所收集到之顧客資訊。

⑵若有可能，再組成一個含括企業內代表與顧客企業代表之工作編組，共同針對上述資料進行研討。

⑶將改革之執行劃分為近期、中期及長期等不同階段需要。

⑷工作編組針對問題與解決方案進行腦力激盪。

⑸根據解決方案之成功率與資源投入程度進行優先順位排序。

⑹針對選定之解決方案設定目標達成指標。

⑺責任分工。

⑻制定執行時間表及查核點。

5. 預測改變

社會、經濟、市場、企業、現有顧客、潛在顧客及競爭對手等變數，均對企業顧客價值承諾之規劃與執行具影響力，企業需建置高效率偵測系統，隨時預測與掌握可能發生之改變，並予適當回應。

五項可能影響預測能力之主要活動：

⑴跳脫傳統產品導向之思維邏輯，從顧客價值創造之角度重新定義市場機會與顧客價值區塊。

⑵運用工具預測所處市場與顧客價值區塊之潛在價值。

預測能否順利之關鍵在於能否聚焦於所處市場中之顧客價值之本質，以及顧客行為特徵。必須防範侷限於產品導向、技術之改良、競爭者以及現有市場中之產品。

⑶進行策略價值規劃：策略價值規劃可同時影響顧客價值，也可與顧客共同發展創新價值。可分三階段進行：

階段一定義現階段進行的以及所有可能的情況，包括：

①依企業目前之能力與資源，可提供哪些顧客區塊價值？

②與顧客溝通未來發展之謀合程度？

階段二及階段三在於定義下階段之顧客期待。

階段二：

①企業如何發揮資源之槓桿效應，以未來顧客在意的事務為基礎創造新顧

客價值？可創造哪些新價值？透過哪些管道創造？

②價值傳送係以特定顧客區塊（如：航空公司設定短程商務旅客為目標顧客）或特定顧客族群（如汽車公司設定汽車購買者為目標顧客）為對象？目前的資源配置足以達成價值傳送嗎？

階段三：

①哪些是我們的顧客在他們的市場、應用領域以及顧客的顧客等的未來價值？

②對特定顧客區塊或特定顧客族群為目標顧客之情況下，有哪些潛在性變動的顧客價值？

⑷儲備足夠具前瞻能力之人才，使企業發展兼顧效率與創新性。

⑸調整企業組織以驅動未來之顧客價值承諾：評估顧客價值承諾對顧客價值區塊以及其企業之影響，有助於了解顧客目前之決策以及預測未來之價值需求，企業應建立未來顧客價值承諾以深化顧客關係。

圖 6-8 為顧客在不同階段之期待，以及企業之因應策略。

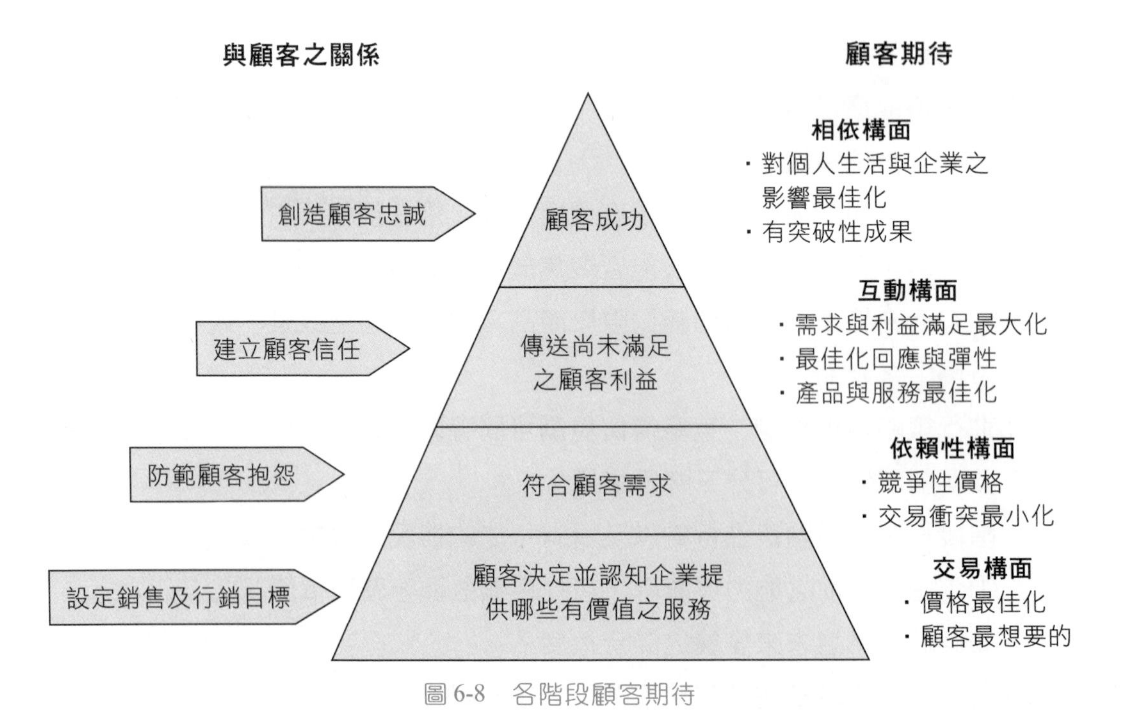

圖 6-8　各階段顧客期待

第三節 創造顧客價值之成功經驗

環顧真實世界，隨著生活型態及消費型態之變遷，顧客價值在不知不覺間發生各種變化。部分人士認為，經濟不景氣之際，大眾之消費行為趨於保守甚至退縮；惟據東方線上研究指出，在消費支出方面退縮人口僅占全數人口之一小部分，綜觀市場，只要業者能創造出使消費者肯定之「價值感」，即可不斷推進民眾的消費行為。以近年蔚為風潮之「奢華風」而言，此類商品強調設計感、質感，甚至具備淵遠流長之品牌意義，消費此類商品等同於認同商品蘊含之深層價值，大眾對奢華風之青睞其實意謂著「時尚」已深入其生活態度中。各行各業汲汲於創造顧客價值，諸如：

㈠文創產業

漸受政府重視與產業界熱衷之文化創意產業，從消費者立場來看代表著「價值的創造與省思、挖掘」。台北縣八里的十三行博物館跳脫史學研究與文物展示之窠臼，轉型創造出知性遊憩功能之顧客價值，並且從歷史本質、策劃經過、硬體建造等各方面，以純「台灣製造」之在地精神，進一步創造了無可取代之價值。

㈡資通訊產業

蘋果 iPod 被網站 PC World 評選為過去 50 年來最重要的 50 件消費性電子產品之一，同時榮登Amazon.com線上購物平台的消費性電子商品榜首，在聖誕節採購旺季期間刷新該網站之銷售紀錄，名實相符之 iPod 以其偏高之價位，滿足了消費者炫耀之心理需求，創造顧客價值。

㈢汽車產業

TOYOTA 汽車憑藉其「Made in Japan 」的高品質訴求，以及車體設計講求變速箱耐用性、省油、車內空間等實用考量，擄獲了主流客群之忠誠度。

㈣媒體產業

大愛劇場不聘請當紅明星演員，不灑重金宣傳，卻將樸實、溫馨的真人實事搬上銀幕，成為收視黑馬，超越其他八點檔大同小異劇情的收視，搶占新觀眾市場，在2005年勇奪收視龍頭寶座，創下高收視率。不隨競爭對手起舞，大愛劇場堅持用慈濟的真實故事，闡揚人性之真善美，以「價值創新」開發出新的觀眾群。

㈤娛樂產業

Hello Kitty凱蒂貓營造出溫暖、惹人愛憐、具溫馴性情之人物，填補了現代人空虛之心靈，創造無可取代之價值，也創造了長紅的獲利。

㈥量販零售產業

台灣量販市場歷經10年來的發展已趨成熟程度，加上近年景氣低迷助長，已進入貼身肉搏戰，業者若無法在既定之經營模式中創造發掘出新的顧客價值，勢將淪於銷價之紅海競爭！愛買量販店為了突破重圍，率先響應農委會推動的「農產品產銷履歷認證」，在分店設置「產銷履歷認證」專櫃，提供顧客最重視的農產品安心保證，創造顧客新價值，成為愛買在生鮮蔬果量販的最大競爭優勢。

㈦金融產業

針對「台灣的有錢人已經晉升到有品味的層次」這個新需求，台新銀行除了幫客戶理財之外，極力和顧客一起創造生活中各項精采的回憶，以「品味化」走向凝聚客戶向心力。其從兩大面向創造顧客價值：

1. 以音樂、藝術欣賞等品味活動回饋客戶

風迷全球的歌劇魅影台灣首演、比吉斯來台演唱會、新世紀鋼琴大師凱文柯恩演奏會等活動均引發話題，2006 年 10 月獨家贊助國際首屈一指的佳士得公司2006 紐約秋拍預展，邀請頂級客戶觀賞總值超過 1.5 億美元的畢卡索、高更等大師真跡等等，大手筆投資回饋顧客。

2. 引領財富管理旗艦店的精品風格

旗艦店以五星級飯店氣質裝潢、城市花園的優雅風格，在空間設計上強調書房般舒適且隱密的貴賓洽談室，符合客戶訴求之高質感，以及重視私密性之需求。提供一個勾勒未來人生財富願景的創意空間。

因應顧客價值之改變，零售通路亦隨之進行調整。以美國沃瑪特（Walmart）超市在消費市場造成之震撼為例，其「通路為王」之話題至今蔓延不斷。在國內，雖然眾多人士認為台灣之零售商店已近飽和，然而零售市場因應顧客價值取向仍不斷上演變裝秀，吸引眾人目光，2005 年以女性商品為主題的新光三越 A4 館、環球購物中心等購物商場相繼開幕，家樂福購併特異購即將造成量販店生態重新洗牌，以及 2006 年元旦跨年正式開幕的誠品書店旗艦店等，這些通路起起落落背後隱藏的正是「顧客價值」之操控。

在通路的發展演化中，因應顧客需要，發展出另一特殊現象，即為通路之「多樣性」，據國際零售業研究機構 STORES 報告顯示，線上零售將成為未來零售主流，零售業者同時走向虛擬與實體通路的「多通路零售時代」。2004 年我國有 40.2%的電子商店，是先有實體店舖而後成立虛擬商店；而在 59.8%的電子商店中，也有高達 85.3%之後成立實體商店。

歐美國家在創造顧客價值方面有很多創新、成熟且成功的經驗，值得國內參考。來自歐美國家商店、飯店，甚至博物館的「嗅覺」服務需求，源自於研究調查顯示「香味」確實會影響消費行為。雖然現有大部分的商業廣告訴求皆針對顧客的「視覺」，然而事實上每天觸動心弦、印在顧客腦海中的記憶，許多是由「嗅覺」所引起的。實驗證明，氣味能喚起許多感覺，例如柑橘香令人振奮與鼓舞，而香草則醞釀溫馨與舒適的氣氛。在這項訴求的理論基礎下，擁有全美 400 家分店的寢具連鎖店 Select Comfort 試圖尋找某種香味，以舒緩顧客逛寢具時的情緒，他們找到一種混合客喜米爾木、琥珀、荳蔻、肉桂以及佛手柑製成的香味，這種混合的香味會傳達夜夜好眠的訊息。

新力公司 2005 年決定要擴大其美國 SonyStyle 店消費性電子產品的顧客群，招攬更多的女性顧客，他們試圖運用「嗅覺」策略來創造全方位的感官體驗，為顧客創造新價值。他們從 1,500 種香精油中篩選出 30 種香味組合，經過一再測試後過濾出 5 種候選香味。最後新力的管理團隊遴選出一種女性最為偏好且不會令男性卻步之香味，這項以「嗅覺」創造顧客新價值的行銷策略終於定調。新力的成功案例問世之後，許多企業紛紛複製這個顧客價值創造模式，積極找尋符合企業所販售商品特質之香味。例如：北卡羅納州的樣品屋銷售員及房地產仲介商採用剛出爐的巧克力豆餅香，認為可以讓潛在買家一走進去就感受到家的氣氛；高檔冰淇淋連鎖店 Emack & Boio's 在業績下滑的分店中採用一種脆皮甜筒的香味，吸引顧客上門，結果冰淇淋銷售量上升至少三分之一。

新服務之競爭無論在速度與內涵上均與傳統服務有相當差異，歷經產業之變遷與競爭，業者咸認知到以服務加值創造競爭優勢之必然趨勢，因之，企業一旦推出創新服務，市場很容易可以在相當短的時間內找到複製相當成功之版本，新服務的生命週期通常相當短暫，一個成功的創新模式想要獨霸市場且持續獲利十年，機會相當渺茫！

以近年紅極一時之電視購物為例，市場霸主東森購物在 2000 年起之五年內一路竄升，營收成長 70 倍，卻在 2005 年無預警趨緩，不僅營收目標下修至原訂目標之七成以下，另一方面也在減少頻道數，降低營運成本。競爭對手崛起以及消費力削弱，東森必須另外尋覓新顧客價值，才有機會創造另一個營運高峰。

問題討論

1. 試述顧客價值之意涵。
2. 請以圖示服務利潤鏈並說明之。
3. 試以「價值派」概念說明顧客獲得之淨價值在整體價值創造系統之角色。
4. 請以圖示創造顧客價值五部曲與顧客價值之關聯性，並簡述五部曲之推動內容。
5. 試述改善顧客價值之五步驟。

第七章
顧客價值管理與顧客經驗管理

本章概要

第一節　顧客價值管理
一、顧客區隔
二、顧客價值管理
三、服務價值績效評估
第二節　顧客經驗管理
一、顧客經驗資訊模式
二、顧客經驗管理架構
三、顧客經驗管理之執行

根據前述，顧客價值是企業營運之核心因素，故而企業必須發展一套機制，有效的管理顧客價值，追求獲利；優質的顧客經驗可以創造顧客價值，故而顧客經驗管理是極為重要且實際之價值創造工具。

第一節　顧客價值管理

從企業經營角度來看，由於企業資源有限，深入了解顧客及挖掘顧客價值需耗費相當比重之企業資源，因之傳統行銷 80/20 之經營法則亦可應用於顧客價值管理之佈局。所謂 80/20 經營法則意謂將 80%的企業資源投資在最有價值的 20%顧客身上，將剩餘之 20%資源服務那些較不重要之 80%顧客。在此經營法則之下，對企業貢獻度低之顧客將因無法享受到更高級的服務，逐漸轉移至競爭廠商，而高貢獻度之顧客則因日益感受到高品級之服務，發展成為企業之忠實顧客。

一、顧客區隔

實施 80/20 法則之前需過濾並將顧客分類，Griffin（*1995*）之顧客分類：⑴非顧客(2)有效潛在顧客(3)可能買主(4)初次購買者(5)重複購買者(6)忠實顧客(7)品牌鼓吹者(8)沉寂顧客。

顧客價值管理的精神就在透過歷史資料的分析區分各類型顧客，然後透過策略規劃，將企業有限資源投資在有價值顧客身上。其第一步要在茫茫人海中區分出「非顧客」與「有效潛在顧客」，也就是要找出對企業比較可能產生實質貢獻的顧客；「有效潛在顧客」與「可能買主」經由「初次購買者」、「重複購買者」晉級至「忠實顧客」，甚至「品牌鼓吹者」，並儘量避免形成「沉寂顧客」。

Parasurman 之顧客分類：初次購買者、短期顧客（重複購買者）、長期顧客（忠實顧客）與沉寂顧客（流失的顧客）。他主張觀察、分析四類型顧客之消費偏好，挖掘顧客價值：

1. 觀察「初次購買者」與「沉寂顧客」對商品或服務原始屬性的偏好，進而將顧客特徵與商品屬性連結，了解如何吸引新顧客，並進行產品定位。
2. 觀察「短期顧客」與「沉寂顧客」對消費之感受，並據此調整目前之行銷策略，改善顧客消費經驗。
3. 比較「長期顧客」與「沉寂顧客」消費背後心理意涵，挖掘顧客價值，了解如何加強與顧客關係。
4. 從「沉寂顧客」追查顧客流失之真正原因，避免再犯。
5. 針對顧客交易歷史進行行銷研究，記錄每一時點上四類型顧客之消費行為與心理特徵，累積相當時段資料後，便可分析顧客價值如何隨時間變遷，進一步掌握顧客價值。

二、顧客價值管理

了解顧客價值內涵後，必須進行顧客價值管理，創造企業利潤。Tyndall 等（*1998*）提出顧客價值管理意指找出供應商與顧客可以經由長期性協同合作以共蒙其利的方案。Slywotzky（*1996*）提出顧客價值管理應進行需求分析（needs analysis）與順位分析（priorities analysis）。需求分析意指分析顧客需要哪些產品及服務；順位分析意指設計出一個可為顧客創造最大效益與供應商最大獲利的運作系統。在企業對企業（B2B）之交易模式中，必須了解企業顧客之組織功能、作業流程，以及整體決策系統；在企業對顧客（B2C）之交易模式中，則必須深入觀察消費行為，以及創造顧客需求之相關功能。

Slywotzky（*1996*）提出顧客價值移轉之觀念，其認為應該從三大面向觀察顧客價值轉移之軌跡。

1. 財富（wealth）：顧客財富之成長提供新的服務價值創造機會，針對不同財富水準應開發不同服務組合。
2. 談判籌碼（power）：當顧客集中度提高以及供應商差異化降低時顧客之相對談判籌碼升高，供應商需進行服務創新，以防止顧客價值持續流失。
3. 顧客需求成熟度（customer needs maturity）：顧客的需求透過其消費決策系統決定消費順位，應洞察出哪些企業提供的服務組合符合其需求。

Kuglin（*1998*）指出顧客價值管理的核心在於找到企業優先顧客或獲利性高之顧客，並且找到足以激勵強化獲利性之行為，Kuglin提出三種顧客價值管理之策略：

1. 獲得：拓展獲利高的顧客基礎，並且剔除無獲利性之顧客。
2. 延伸：獎勵忠誠顧客，藉由忠誠顧客之口碑相傳吸引新顧客。
3. 強化：經由服務創新激勵消費行為，創造更高報酬。

此外，他提出顧客價值管理具體作法：

1. 針對目前及潛在顧客之獲利潛力進行深入了解。
2. 挖掘重點顧客之價值所在，並找到可激勵其獲利強化行為之方案。
3. 提供符合上述激勵方案之服務組合，使獲利極大化。
4. 協同整合供應鏈流程、系統與人員配置，符合核心客戶之價值需求。

三、服務價值績效評估

根據所挖掘之顧客價值而發展出之新創服務究竟有無具體績效，企業應發展建立績效指標。

Simchi-Levi 和 Kaminsky（*2000*）提出績效指標：服務水準、顧客忠誠度、供應鏈績效評量。

㈠服務水準

因應顧客價值之需求制定各服務項目及相對應之量化指標，顧客價值之釐清非常重要，例如顧客可能對於商品客製化之期望高於對立即交貨之需求。

㈡顧客忠誠度

評量顧客忠誠度較顧客滿意度容易，評量方式可以藉由內部資料庫分析顧客之再購意願，以及顧客流失率。

㈢供應鏈績效評量

供應鏈績效關係著提供顧客價值之能力，故而評估服務價值績效時亦應評估該價值創造系統之供應鏈績效。供應鏈績效高代表有較高能力提供服務價值。表7-1為McKay（*1998*）建立之供應鏈衡量參考指標。

Storey 和 Kelly（*2001*）根據個案實證研究提出新服務發展績效指標包括財務構面、顧客構面及內部構面。財務構面指標包括：獲利、銷售、投資報酬率、市占率、成本等；顧客構面指標包括：顧客滿意、新顧客數、市場回應、顧客保留以及競爭力等；內部構面指標包括：未來潛力、效率、成功率、策略性符合度及幕僚回應等。其特別指出：⑴銷售及獲利二項指標係最常被採用的衡量指標；⑵財務構面指標最常被創新性低的公司採用，創新型企業傾向採用軟性的內部構面指標；⑶對於企業整體新服務專案之績效評量而言，「未來潛力」被視為相當重要指標。Storey和Kelly（*2001*）特別提出呼籲：⑴服務型企業必須較以提供有形商品為主的企業更加積極運用以顧客為基礎之衡量指標，然而目前實證案例仍偏向傳統的財務構面；⑵應該積極發展軟性構面的評量方式，包括對未來潛力之估計。

表 7-1　供應鏈績效構面

項　目	構　面	衡量單位
供應可靠度	準時達交率	百分比
	訂單實現前置時間	天
	達交率	百分比
彈性與回應性	供應鏈回應時間	天
	生產彈性	天
費用	供應鏈管理成本	百分比
	保證金占收入之百分比	百分比
	每員工之附加價值	元
資產利用率	存貨天數	天
	現金迴轉率	百分比
	淨資產迴轉率	百分比

資料來源：McKay, 1998。

第二節　顧客經驗管理

顧客經驗是顧客在直接或間接與一家公司接觸時內在的個人觀感。直接接觸通常發生在購買、使用與服務的過程中，多半是顧客主動開始的；間接接觸則包括顧客無意間接觸到與公司的產品、服務或品牌有關的訊息，呈現的型式包括推薦口碑或批評意見、廣告、新聞報導、評論等。

傳統重視產品功能、價格及品質之行銷訴求已經不足以維持競爭優勢，近年來企業服務創新的切入點經常聚焦於為顧客創造有價值的經驗，此即體驗行銷（experiential marketing）。體驗行銷的訴求在於為顧客營造難忘且美好的消費之旅，經驗之旅帶給顧客的感受影響顧客當下以及未來採購之決策，每一次的接觸經驗都會改變或強化原有之消費行為，企業在消費過程若能討好顧客，為他們創造觸動心靈之經驗，顧客將會持續消費，更重要的是他們將分享購物經驗、創造口碑相傳效應，帶來延伸顧客與實質獲利。體驗行銷所訴求的是感官、情緒、思考、行動與關聯，並希望能進一步觸動、感染顧客的心靈，創造顧客價值。亦即，體驗行銷的目的在於管理顧客經驗，不僅止於讓顧客買到想要的東西，並涵蓋所有交易過程相關活動和所經歷之事件，掌握顧客與企業互動之情境，使每一次的顧客互動都是美好的經驗。

如何塑造難忘且美好的消費之旅？企業必須跳脫傳統功能競賽與價格競爭之商業陷阱，轉向更宏觀之角度規劃經驗行程，整合各種不同之經驗元素，用心為顧客創造全新的體驗。經驗行程包括銷售前、銷售中及銷售後的全部環節，企業均應發揮創意及想像力，融入不同的經驗元素，提供給顧客資訊、服務及互動，形成難以抗拒的經驗，創造顧客價值。

2006、2007 年國外有關針對企業進行顧客關係管理的調查結果顯示：在 300 多家公司的顧客中，只有 8%表示自己的交易經驗「非常棒」，然而卻有高達 80%的公司自認提供了顧客「非常好」的經驗。公司與顧客間認知差距懸殊，企業如何掌握顧客之真實感受有需要更加用心。專家依據實證經驗提出與顧客經驗相關之資訊，包括過往模式、現行模式及潛在模式。掌握顧客經驗資訊是提升顧客經驗管理之先備條件。

一、顧客經驗資訊模式

顧客經驗的資訊可區分為三種模式，其蒐集資料的頻率與詳細程度有所不同：

㈠過往模式

指評估與個別顧客完成的交易經驗，通常在顧客使用產品或服務之後，立即評估使用情形，並加以分析，提供公司各部門參考。例如租車公司在每位顧客還車時詢問：「您下次還會向本公司租車嗎？」「過往模式」最常運用的工具是「意見調查」，也可透過網路論壇或部落格接觸顧客。

㈡現行模式

「現行模式」的分析不僅是評估最近一次與顧客來往的重要性與成效，更要著眼於如何讓顧客與公司持續往來。因之，可以提出一些延伸性問題，例如：顧客對同行廠商的了解程度、顧客可能想要的新功能等。由於此模式之問題範圍相當廣泛，評估流程並非等到顧客上門才啟動，而是要訂出時程，定期蒐集有關公司主要產品或服務的資訊。

「現行模式」的蒐集方式包括意見調查、專人訪談、專題研究，以及上述方式之組合應用。調查時可事先告知顧客調查目的、調查結果如何告知，並要考量公司在調查結果之因應措施中，顧客扮演何種角色。惠普公司對客戶經理之要求除了顧客滿意度指標之外，另包括顧客參與調查之比率。

㈢潛在模式

探討新商機可以發現「潛在模式」，而解讀顧客資料與觀察顧客行為可以發

表 7-2　顧客經驗管理與顧客關係管理之比較

	內涵	時機	偵測方式	運用資訊者	與未來營運績效之相關性
顧客經驗管理	掌握並呈現顧客對公司之觀感	顧客與公司互動之接觸點	意見調查、專題研究、觀察研究	企業領導人或部門主管。 目的在於針對產品與服務訂定可達成的期望與更好的經驗。	領先指標。 找出期望與實際經驗之間的落差，並以產品與服務來補強。
顧客關係管理	掌握並呈現公司對顧客之了解	在顧客做決定，並由公司記錄之後。	銷售點資料、市場研究、網站點閱、銷售自動追蹤	直接面對顧客的部門。例如：銷售、行銷、現場服務與顧客服務，目的在於提高執行的效果。	落後指標。 將顧客需求的產品與不需求的產品相互搭配，進行交叉銷售。

資料來源：Harvard Business Review, Feb. 2007.

掘新商機。公司通常是在針對特定顧客群推動某些策略時無意間發現新商機，此類型探討新商機之方式並非預期之中，亦非固定時程，係屬「波動」進行。

公司與顧客的關係逐漸加深後，蒐集顧客資料之頻率也會上升，分析這些資料的結果應能指出進一步探討之領域。例如，研究與顧客目前的關係之後，可能發現到府服務之經驗有待加強。公司通常會在每次服務後進行交易調查，在推行改善措施後，再次進行改善評估。

二、顧客經驗管理架構

企業發展顧客經驗管理之推動架構可以簡化為：分析顧客經驗、擬定以經驗為主之策略、整合經驗元素進行加值。相關推動步驟簡述於後：

㈠分析顧客經驗世界

分析顧客經驗世界需找出某個經驗之目標顧客，再把經驗世界分成四個層次，從最外層範圍最大的第一層開始，逐漸導入到最裡層的品牌經驗層次。四個層次依序為：

1. 與顧客身處的社會文化大環境（消費者市場）或商業環境（企業對企業市場）有關的經驗。
2. 從品牌的使用或消費情境而產生之經驗。
3. 產品類別所產生之經驗。
4. 品牌所產生之經驗。

分析各層次之經驗內涵之後，需追蹤每個接觸點之顧客經驗，並觀察同業之競爭情形，最重要的是分析及追蹤顧客經驗必須採用新穎、具創意之研究技術，以真實挖掘顧客感受。創新的市場研究方法參見後文說明。

㈡建立經驗平台

經驗平台是一種對想要達到的經驗所做出的動態、立體及多感官的描述，其可明確指出顧客預期從某產品或服務所獲致之價值。經驗平台彙整出一個周全之執行主題，並以它為中心來協調後續的行銷與創新活動。

建構經驗平台必須考量經驗定位、經驗價值承諾、經驗傳遞等三項策略要素。經驗定位係說明品牌代表之意義；經驗價值承諾係從經驗之角度，說明顧客能夠得到什麼；經驗傳遞在於說明企業在執行品牌經驗、顧客介面及繼續創新的整個過程中，所採用的核心訊息的風格與內容。

㈢設計品牌經驗

管理階層對採取何種經驗平台做出決定之後，這個平台必須落實在品牌經驗中。品牌經驗包括三部分，其一，經驗特色與產品美學，這些可作為吸引顧客接觸品牌經驗的起跑點；其二，品牌標章符號、產品包裝和零售空間，此部分應賦予討人喜歡之外觀和感覺；其三，廣告、相關宣傳品及網站，應傳達恰當的經驗訊息和形象。

針對新舊品牌之品牌經驗設計方面，新品牌設計需要創意，使產品在市場上突出；既有品牌則需判定哪些功能特色、外觀感覺及宣傳訊息應該保留，哪些應予放棄、改變或增加。此過程稱之為品牌之脫與穿（stripping & dressing），對既有品牌而言常需經過幾個脫的步驟，先將品牌經驗中所有非必要的、不理想的設計和執行全數消除，只留下必要的。最後為品牌穿上新的設計，更新並豐富化品牌經驗。

㈣建構顧客介面

品牌經驗多半是靜態的，顧客介面卻是動態性的，且需有互動性。建構顧客界面涵蓋各種與顧客的動態往來及接觸點。如：商店內之面對面接觸、到客戶辦公室進行業務拜訪，在銀行的自動提款機前、飯店的報到櫃台以及網際網路上從事電子商務。

企業務需妥善建構動態互動的顧客介面，使顧客得以經由介面獲取所需資訊或服務。建構顧客介面並不僅止於顧客關係管理，需納入一些不可捉摸之因素，如聲音、態度及行為模式等，並應追求長時間及不同接觸點經驗值之一致性與一貫性。

企業可以經由設計適當的店頭互動環境、雇用和訓練適當之員工，以及建立良好的網站和適當的接觸點與顧客交流互動等，來達到使企業產品或服務差異化之目標。所有交流與互動均與顧客產生連結，創造顧客滿意與價值。

以希爾頓飯店於2002年展開之顧客介面專案為例，專案之訴求在於改進對顧客之宣傳與服務，針對飯店之最高價值顧客和商業客戶，並且希望吸引新的高價值顧客。專案小組先行分析出17個能夠強化顧客經驗之重要接觸點，專案目標在重新改造與顧客之接觸點，最終希望能夠預先配合已知的顧客喜好、需要和重要性，給予個別化待遇，以創造最佳之顧客經驗。

㈤持續進行創新

創新可以向顧客展現企業活力，證明企業有能力持續不斷的創造與顧客有關之新經驗。創新可以吸引新顧客，但其主要之作用在於協助企業將更多產品或服務推銷給老顧客，提高顧客資產價值。

三、顧客經驗管理之執行

執行顧客經驗管理可遵循前文闡述之架構，但在執行上有兩方面需秉持創新性與整合性作法。

㈠需採用創新性之市場研究法

探究、挖掘顧客經驗世界企業須跳脫傳統之市場調查方法，因為多數傳統之顧客調查方法缺乏對顧客經驗世界之研究與分析，其務實性、原創性及資訊深度均顯不足。創新性之市場研究方法如運用焦點團體（focus group）等收集完整且真實的顧客意見與經驗，提供服務調整及新服務設計之重要參考。在研究顧客經驗世界時應注意下列三點：

1. 在自然環境下進行調查。
2. 利用真實的刺激元素找出有意義的顧客反應。
3. 鼓勵顧客發揮想像力。

㈡專案執行需有整合性

任何顧客經驗管理專案均必須有整合性作法，且需於消費者腦海中留下一致性印象，而非亂槍打鳥之局部感受，此外企業組織亦須配合進行調整，使企業內部之財務投資規劃、資源分配，以及員工經驗增進等，均能與顧客經驗連結，如此經驗策略方能落實執行。

對服務型企業而言，光有價值的獨特服務概念還不足以長久保有顧客，因為服務概念極易在短時間內被競爭對手模仿，造成惡性循環的價格變動，利潤旋即被侵蝕殆盡。區隔服務並長久維繫顧客的關鍵元素就在於傳遞服務經驗給顧客的過程。領導市場之服務型企業均視服務過程為顧客經驗之主要來源，藉由服務傳遞過程創造之優質顧客經驗吸引其再次惠顧。

問題討論

1. 顧客價值管理之核心在於找到企業優先顧客或獲利性高之顧客，並找到足以強化獲利性之行為，試從此觀點提出顧客價值管理之作法。
2. 體驗行銷主要訴求為何？
3. 在推行顧客經驗管理時，如何建構顧客介面？

第八章 服務創新

本章概要

第一節　顧客導向之服務創新
一、顧客導向之意涵
二、顧客導向之創新模式

第二節　生活型態導向之服務創新
一、生活型態之定義
二、生活型態之行銷意涵
三、消費者生活型態趨勢
四、生活型態導向之創新模式

全球化競爭的衝擊帶動產業發展及企業經營的白熱化競爭，為求勝出，全球各界掀起創新研發、創新經營的風潮，不僅製造業要思考如何納入服務顧客的觀念，服務業更要邁向精進服務升級，背後呈現的新經營思維即為「創新」。專家呼籲，任何企業創新都要以顧客為主要考量進行設計，無論是吃喝玩樂或食衣住行各方面，惟有提供以顧客需要為訴求之更便利、更安心、更滿足、更超值的服務，才有機會博得青睞，爭取商機。

產業創新係一連串價值活動之組成，經濟部近年產業政策極重視產業創新之推進，在其制定的產業創新推動機制中，具體揭櫫產業創新活動之起源在於「生活脈絡分析」，強調創新之前必須從趨勢發展找到未來機會缺口與需求，進行未來情境之描繪，如此掌握生活脈絡之後，才能據此進行創新發展，開發新市場。所謂「生活脈絡之分析」其意涵其實在於從生活型態及需求之預測與分析，挖掘顧客未來需求，宏觀角度訴求「顧客導向」，微觀角度則訴求「生活型態導向」。鑑此，本章先後從「顧客導向」及「生活型態導向」介紹服務型產業之創新發展。

第一節　顧客導向之服務創新

「顧客導向」大致上已普遍植入國內服務業者之行銷策略之中，行銷人員試圖從不同角度進行顧客導向之切入，其細分化區隔顧客之程度已遠超過傳統行銷的顧客區隔標準。例如，行動通訊業者不再只以年齡及世代切割顧客群組，而進一步以「族群」進行顧客定位，同一世代再細分為不同族群，依族群之特性及需求提供服務組合。為了擄獲族群的心，企業必須持續關懷族群，唯有貼近族群的內心，找出族群最關心的議題，挖掘潛藏於其心靈深處的渴望，才可設計出與其溝通之語言，達到行銷訴求。

一、顧客導向之意涵

顧客導向核心意涵在於：「了解、確認顧客需求，並發展產品或服務組合以滿足顧客」；以創新服務行銷角度來看，顧客導向之意涵為：「以顧客的心情感受為主導，決定顧客需要什麼，進而發展產品或服務組合，目標在於所有行銷理念與決策均從顧客觀點出發。」傳統顧客導向泰半為企業及行銷人員假想、臆測顧客需求；創新服務行銷之顧客導向概念強調真實挖掘顧客內心想法與需求，亦即超越傳統僅捕捉顧客表面需求，進一步深入顧客內心，挖掘、掌握顧客感受。

《哈佛商業評論》2007 年 2 月號提出未來許多產業之創新，已經由生產者主導變成使用者主導，由消費者構思、開發、製造原型產品，甚至生產新產品。近來研究顯示，70%至 80%新產品開發失敗不是因缺乏先進科技，而是不了解使用者需求。《顧客大反擊》一書揭示企業如何落實顧客導向，認為最貼近消費者的服務、提供優質消費經驗之關鍵在於「量身訂作」及「主動出擊」，企業應結合流程、人員及科技，積極挖掘任何可以讓顧客作主之機會，才能依顧客需求提供個人化服務。近年國外一份消費調查結果顯示，超過七成之受訪者認為「量身訂作」是優質消費經驗之關鍵因素。

以旅館服務為例：飯店提供 VIP 顧客住房升等、客房水果籃及報紙等服務固然可以使顧客感受到尊榮與禮遇，然而卻稱不上量身訂作之個別化服務。因為這些服務與優惠並非針對個人，而是提供給特定群組顧客，針對個人化提供之服務必須「滿足個人化期待」，如記錄顧客住房之特殊習慣或要求，於下次顧客光臨時主動提供相對應之服務，例如免費提供客人喜愛之飲品等。國內標竿五星級飯店亞都飯店即以提供此項服務而深獲顧客佳評。

二、顧客導向之創新模式

「顧客導向」成為企業主及員工必備之服務理念，欲建立顧客導向之服務理念，企業需：⑴了解顧客消費心理；⑵重視顧客關係之維護與管理；⑶重視顧客服務與抱怨之處理；⑷聽取第一線服務人員之意見；⑸掌握市場脈動與消費走向。

茲舉國內成功案例簡介顧客導向之創新模式：

㈠以族群需求區隔服務組合，創造族群價值

1. 年輕族群

聯合利華（Unilever）mod's hair洗髮精設定其目標顧客為18至25歲年輕族群，行銷部門針對時下青少年偏好染髮之習性，推出新奇配方之護染洗髮、潤髮乳，隨後又研發出最具流行色彩之染髮劑，取名「雅痞褐銅」、「爵士亞麻」等，塑造俏皮且個性化之形象，廣受年輕族群青睞，洗髮精甫推出即創銷售佳績。

泛亞電信推動2U Card即結合青少年講黑話之習慣，並且與原有之活動概念「就在您身邊」連結，因為買預付卡之族群絕大多數為青少年，這樣的活動設計讓青少年感到泛亞和他們是同一掛的，為了加強與青少年的互動關係，泛亞還舉辦黑話比賽，在網路上開辦「黑話養成大學」。

嬌生可伶可俐從原先鎖定在「抗痘系列」擴展為全客層商品，行銷策略完全以台灣青少女族群為訴求，架構「第一個專為台灣青少女架設的線上學校」，以年輕族群最熱衷的部落格開設線上學校，除了分享皮膚保養常識，最重要的是提供心情、學習的園地，並贊助學生社團與不定期為青少女舉辦相關活動，例如「Miss QQ 選拔大賽」就掀起學子們一陣風潮。其線上學校提供許多常識，囊括現今台灣青少女最熱門話題與最喜歡的內容，網站內容與需求完全為台灣美眉量

身定做，例如影音互動、討論區、部落格分享等巧思，提供美眉盡情分享心事的園地。諸如：「女孩秘密辯論社」讓青少女針對好奇的事唇槍舌戰一番；「私生活佈告欄」分享心情故事；「女校沒教的事」以真人實境秀提供鬼點子讓青少女與其學校發光發熱；「美麗萬歲保健室」即時更新保養資訊，還提供線上互通超新保養秘密的平台；「Miss QQ 選拔大賽」之所以能吸引青少女興趣，在於互動後還能參加比賽，有機會拿獎金上電視。嬌生融入年輕族群，以顧客導向的創新服務促銷，希望能順利達成擴大市場規模之任務。

2. 中年族群

40 歲女性族群最關心的議題之一為「如何讓自己看起來更年輕」，且根據調查她們最信任的是朋友的推薦與介紹，針對此族群口碑行銷將有相當影響力。

NIKE在族群經營上相當專業，近年行銷重點之一鎖定在女性運動風，分析顧客消費資料掌握了女性上健身房比率逐年提高之趨勢，但女性在運動方面之偏好與男性族群有相當差異，她們多數偏好室內運動，但不喜歡運動後滿身大汗，希望運動後能保持乾淨、清爽。為了迎合這些訴求，NIKE在產品設計及活動企劃上有別於過去以男性為主軸之作法做了相當修正。引進最新流行的 Body Balance 有氧運動，融合太極、瑜伽與有氧運動，講求輕柔、流暢、緩和、冥想，與激烈的有氧舞蹈進行藍海區隔，吸引金字塔型族群消費。

誠品書店以多年經營書店、人文及藝術產業的資源與經驗，針對誠品卡會員推出誠品型錄，以生活美學為名，結合時尚、健康、創意、親子等主題，展開異於一般型錄行銷的模式，針對誠品卡 4 萬名會員為主，其中超過 7 成教育程度在大學及碩士以上，年齡為 30 至 39 歲，每月每人平均消費在 5,000 元以上，所有開發的商品及服務即針對這個族群消費者力強、追求美感與質感，以及認同誠品精神的共同特質。誠品型錄販售內容雖然跳脫不了一般民生消費品吃喝玩樂等，但市場區隔明確，針對特殊顧客群推出的服務中，沒有單價低於 1,000 元的商品，其針對不同性別及年齡層所開發之商品，鮮少在國內其他型錄販售或實體通路中出現。例如誠品型錄販售國內還買不到的英國 STRIDA 時尚折疊車以及從創意市集發掘的樂活手工具等。

3. 銀髮族群

60 歲女性族群相當重視退休後生活的安排，以及所擁有資產如何保值及增值，針對這些訴求，舉辦投資、保值的講座應可滿足其需求。此族群生活型態通常為早上運動，下午聚集聊天交換購物經驗與訊息，例如有關百貨公司卡友禮及某家商店特價與折扣等贈品訊息通常能成為關注焦點，透過這些族群形成之宣傳效果相當可觀。

了解不同世代之生活型態及價值，以及現世代之消費趨勢，將可有效的掌握顧客價值。近年消費市場逐漸竄升的消費趨勢包括：健康養生、瘦身塑身及公益活動等消費走向值得行銷人員深入探討並予加值運用。

㈡以情境式服務抓住顧客情感

何謂情境式服務？情境式服務最簡單的說法就是：「所有的服務人員都是演員」。情境式服務的精神在於擺脫以硬體設備及產品為販售主角的思維，藉由主題式或故事型完整服務流程之設計，將軟硬體設施、產品、服務場地佈置及服務人員等串聯在一起，透過服務人員專業且真誠的服務演出以及與顧客之互動，營造讓顧客情感投入且感動之情境，引領顧客進入另一個世界，藉由主題營造的氛圍傳達服務體驗，讓顧客情感很自然的進入服務營造的世界，這種情境式服務即所謂「體驗行銷」，顧客因體驗而投入情感，這種情感的滿足成為服務滿意的主要賣點，也成為他們回流消費之誘因。

國內較大規模之服務型企業近年逐漸引進國外成功的情境式服務模式來活化服務元素、強化服務競爭力。

以海洋動物生態為賣點之花蓮遠雄海洋公園，為了強化園區服務品質、提高客人回流率，全面導入情境式服務，期能開創另一個高峰。情境式服務的導入從觀念的改造到全面性實施，是一個長遠的工程，非一蹴可幾，遠雄海洋公園導入情境式服務共分三個階段：「服務觀念再造」、「管理階層深化訓練」以及「集團全員實施」。執行的方式，除硬體設施之外，軟體也要呼應襯托主題，讓顧客置身樂園時宛若進到另一個世界，創造獨特的玩味。樂園內的服務人員不僅是銷售員、設備操作員，或是馴獸員，而是主題故事中的一個人物、演員，透過他們的肢體以及與顧客之對話互動，引領顧客進入故事情境中。遠雄海洋公園的情境式服務擺脫傳統服務強調以「專業導向」提高顧客滿意度，著重在「學習導向」與「情感導向」，其成功關鍵在於：如何培養員工榮譽心、責任感，進而樂在服務，最終能夠將此工作當成個人事業來經營，與企業一起成長。

㈢掌握行銷時機

行銷議題推出之時機不易掌握，如未能主導時機，往往錯過時機、落入苦苦追趕之下場，但跑在前面也不一定代表會贏，時機的掌握與抉擇對企業是一大挑戰。以手機為例，許多青少年將手機視為高價之服飾配件，因此外型、顏色等之選擇都會跟著流行走，然而手機業者通常在18個月之前就必須決定新手機款式，很難準確預測一年半後青少年之流行品味，此時手機款式若追不上流行就無法獲得顧客青睞！

以 Nokia 和 Motorola 為例，原先其預估青少年之彩色手機市場不會進展那麼快，所設計之彩色手機僅有 4,000 多色，然而韓國手機業者卻採取跳躍式之競爭策略，直接跳到下一階段之競爭，其所設計之高彩度手機可以支援 65,000 色高解析度的彩色螢幕，恰好迎合青少年求變求異之個性化需求。

㈣與領先顧客溝通

消費族群中有小部分族群對於市場流行特別敏感，對於流行資訊特別狂熱，喜好以專家角度觀察感興趣之事務，希望自己比其他人更早享受到新產品與服務，這些族群稱之為「領先顧客」（leading customer），他們比一般消費者勇於接受新事物，如何與這些族群溝通以勾勒新產品或服務之輪廓，成為企業服務創新之必修課題。以手機之領先顧客為例，此族群換機頻率高，願意花大量時間在 eBay 上尋找獨特之手機，或直接上 Nokia、Motorola、SAMSUNG 等手機專屬網站搜尋，目的即在於尋找一款國內找不到之手機，對這群顧客提供優惠未必奏效，因其訴求在於尋找與眾不同之手機款式。

NIKE相當善於與領先顧客溝通，他們不針對大眾市場行銷，認為市場是教育出來的，其善用頂尖運動員來創造口碑效果，傳遞顧客對於產品之狂熱，例如：以邁可．喬丹（Michael Jordan）、老虎伍茲（Tiger Woods）等頂尖運動員來測試新產品。

第二節　生活型態導向之服務創新

一、生活型態之定義

社會學中，生活型態（或生活風格、生活方式）是一個人（或團體）生活的方式。這包括了社會關係模式、消費模式、娛樂模式和穿著模式。生活型態通常也反映了一個人的態度、價值觀或世界觀。

一個人擁有某種「生活型態」，意味著他可能有意識或無意識地從許多組行為當中選擇其中之一。在商業活動中，生活型態成為商家鎖定消費者的依據。

生活型態的概念主要導源於心理學與社會學，1960 年代之後才有學者將其正式引用到商業和行銷領域的研究上。生活型態理論，即將生活型態視為認知建構體系，每個人有不同的認知建構，即會有不同的生活型態。學者對生活型態的定義如下：

1. Lazer（*1963*）最先將生活型態導入行銷領域，指出生活型態是一系統的觀念，足以顯示出這一個社會或群體與其他社會或群體之所以不同，具體表現於一動態的生活模式中。從行銷觀點來看，消費者的購買及消費行為反映出一個社會的生活型態。
2. Plummer（*1974*）指出生活型態乃是將消費者視為一「整體」，而不是片斷，並幫助行銷人員愈來愈了解消費者，這樣就愈能與消費者溝通，如此一來將產品銷售給消費者的機會就愈大。
3. Engel、Kollat & Blackwell（*1982*）指出生活型態乃是個人價值觀和人格的綜合表現。所以生活型態可以說是個人價值觀及人格特質經由不斷的整合所產生的結果，這種結果影響一個人的一般行為，進而影響其購買決策。

表 8-1 從不同角度進行生活型態之分類，這些生活型態呈現出社會現象、消費行為、禮儀或是休閒活動等，可據以分類社會中各族群。

表 8-1 生活型態分類

一般類	收入或職業	消費行為	行銷上
・行動主義 ・禁慾主義 ・現代原始族 ・回歸大地 ・愛書族 ・健美族 ・波西米亞 ・無子女族 ・嬉皮 ・骨皮 ・偶像崇拜 ・遊牧生活族 ・孤寡族 ・農村生活族 ・單親 ・節制族	・犯罪 ・噴射機消費者 ・街民 ・薪水奴 ・工作狂 ・貪財族 ・雅痞 ・白領族 ・藍領族 ・粉領族 ・尼特族	・酒精中毒 ・大量消費族 ・數位生活族 ・吸毒者 ・尼古丁中毒 ・直規生活族 ・素食者 ・嚴格素食 ・簡樸義工族	・成就者 ・富有 ・參與者 ・核心家庭 ・聚雜家庭 ・大家庭 ・早期採用者 ・空巢族 ・頂客族 ・布波族 ・模仿者 ・意見領袖 ・過度消費族 ・年輕單身族 ・雅痞

資料來源：維基百科。

二、生活型態之行銷意涵

生活型態的行銷意涵係為順應社會環境趨勢與消費者生活行為模式，進而創造符合大眾需求的服務。便利商店（CVS）近十年在國內蓬勃發展即是典型的以生活型態為訴求之通路模式，CVS 的販售型態主要訴求在配合各店所在顧客結構之生活型態，以生活化、流行化為行銷訴求。例如近年因應外食族群之需求推出的便當即為CVS重要賣點，以前消費者到CVS購買飯糰、壽司等早餐，現在許多上班族群漸習慣中午到CVS買便當，CVS努力進行下一波商品行銷，引導顧客到CVS 購買晚餐便當。

此外，近年需求不斷成長的各式代收服務（如停車費、學生註冊費、宅急便、到店取貨等）需求已普遍融入CVS的服務內涵中，這些服務的提供訴求在消費者便利性之需求，不遠的未來CVS將進一步推出可訂位之售票服務，提供更深層的顧客價值。國內CVS的密度位居世界最高，已進入成熟及高度競爭的CVS產業其勝出的關鍵即在於能否挖掘、開發出符合消費者生活便利需求的商品及各式服務，從中創造價值。Toyota 自 20 年前即開始了解族群生活型態及其需要，例如：媽媽帶小孩如何開車？從量販店購物如何上車？觀察族群之生活細節找尋創新來源，以生活型態導向進行行銷訴求。

總之，以生活型態為導向之行銷訴求在於著眼消費者生活上之現有及潛在需求，提供不同生活型態族群之各種服務，從生活型態中挖掘消費者需求。經濟發展的躍升造成消費市場變化快速，許多企業對消費者之了解已經過時，有很多需求是消費者自己也不知道的，傳統的市場及消費者研究方法，無法發掘消費者的隱性需求。企業推行服務創新之概略流程如下圖 8-1。

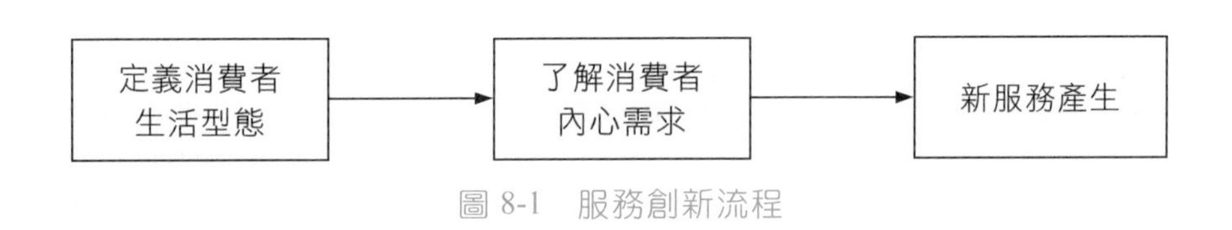

圖 8-1　服務創新流程

人類自古對於追求更好的生活之期待未曾間斷，不同世代、不同族群之生活型態隱藏著不同之生活價值，在其追求明日會更好的期待之下，誰能推動新生活型態，誰就能成為下一個行銷贏家！專業晶片設計領導品牌英特爾公司藉由消費者生活型態之觀察，成功的從純晶片製造公司轉型跨足消費性產品。目前，英特爾公司的社會學家正積極研究老年人生活型態，希望協助公司開發醫療科技產品，迎接大退休潮的來臨；此外，同時在中國、印度、埃及等地，研究新興市場之消費型態，以進一步抓住異族文化之消費需求。

奧美廣告公司為美樂啤酒的廣告代理商，為進一步了解消費者需求，奧美公司派遣員工實地到酒吧仔細觀察、記錄顧客的互動模式，包括他們如何聚在一起、如何解散，以及歡樂是如何感染每一個人，以及聚會中的衝突如何解決。從這些實地觀察消費型態發現，會點選美樂啤酒的通常為團體顧客，單獨到酒吧消費的通常點選競爭對手的產品。根據這個發現奧美公司製作了一個貼近美樂啤酒消費者特性的廣告，播出後引起廣大迴響。

國內便利商店龍頭統一超商近年除了在門市服務不斷創新之外，更不斷引進各種新事業，為消費者找尋全新價值，帶動全新的生活型態。統一超商之所以能在原有經營版圖之外，不斷拓展新事業版圖，例如從超商跨足餐飲（星巴克咖啡）及生活百貨事業（無印良品），在台灣流通零售產業之影響愈來愈加碼，憑藉的即在於其經營團隊長期掌握第一手的市場脈動與消費者需求，觀察消費者生活型態的需求，進而提供符合消費者新生活型態需求之服務內涵與品質，引領新生活型態，創造新顧客價值。這種務實的經營策略在統一企業的流通產業佈局埋藏了相當具潛力的成長元素。

三、消費者生活型態趨勢

想要推出生活型態導向之創新服務，除了必須確切掌握消費者生活型態，由於生活型態並非一成不變，會隨著社會經濟環境之演變而變化，故而必須進一步預測分析消費者生活型態趨勢，才能適切推出符合消費者生活型態之創新服務。國內消費環境近年受到產業外移及全球化等之衝擊衍生許多新現象，根據「東方線上」於2006年完成的消費者生活型態調查報告，從經濟面、青少年、成人、科技、流行、健康、理財等生活構面，預測台灣2007年的五大生活型態趨勢：

㈠不景氣現象浮上檯面，消費態度趨保守

受到卡債風暴影響，景氣欲振乏力，消費力降低，消費市場相當低迷，青少年已經感染並認知到成人世界不景氣的氛圍，許多以青少年為行銷訴求的商品或服務勢必連帶受到波及！不景氣的常態使消費態度趨於中庸、保守，消費前會多考慮，較多抱持觀望態度，商品降價之期望值升高。在這種氛圍之下，衝動性消費的機率降低，樂當消費先驅者之比率亦相對降低！

㈡消費習慣兩極化

消費者生活型態趨於兩極化，邁向「M」世代，貧富差距不斷加速，一般中下階級除了消費趨保守之外，對於生活用品之消費愈加斤斤計較，價格敏感度提高，便宜貨、特價品不斷充斥一般消費市場，第三世界國家製造的低價商品不斷

搶攻國內一般消費市場；但另一方面，中高階層則不斷在食、衣、住、行及娛樂各方面極盡所能的追求高品味、精緻化、奢華感的消費，他們相當願意為滿足高度的身、心、靈全方位之享受付出高貴的代價，這種趨勢吸引了許多行銷專家絞盡腦汁為富裕族群量身定做各種與眾不同的體驗套餐，試圖以專業化的創新服務組合賺取這些族群支付的高額服務利潤。

以百貨零售業為例，近年受到景氣影響，百貨零售業呈現低迷，然而在此階段，「高價精品」及「平價開架式化妝品」卻逆勢成長，顯示台灣正朝向「頂級消費」與「最低價消費」的M型社會發展。如何順應環境發展，掌握M型社會之商機，即早因應佈局，將是未來幾年企業獲利關鍵。

M 型社會

「M型社會」是日本趨勢家大前研一對當前全球經濟狀況分布所提出的觀點。他認為代表富裕與安定的中產階級目前正快速消失之中，其中大部分向下沉淪為中、下階級，導致各國人口經濟條件的曲線分布與生活方式，轉變為「M」型。這樣的社會結構右邊的富人與左邊的窮人都變多，陷下去的那一塊即原本的中產階級。

M 型社會的特質：

貧富差距大、商店規模極大化或極小化、創業走向大規模連鎖店或獨立特色店、連鎖體系中央集權化或鬆散的單店分權化。

㈢便利性需求竄升

經濟成長與富裕的影響下，消費者愈來愈傾向「懶人消費」，消費過程愈簡單且便利愈能吸引他們，產品與服務愈能提供便利性愈能博得青睞。「懶人消費」的生活型態反映在各種消費品項，在健康追求方面，消費者傾向尋求簡單快速的方法獲得健康，例如經常性外食之餘仍想保有健康，故而另外以保健食品及生技產品來彌補常態性外食衍生的營養不足；民以食為天，在一般性日常食品消費方面，當產品的同質性愈來愈高，提高產品的便利性成為創造差異化之重要利基，先進國家的發展趨勢很值得食品產業參考：

1. 可移動性／方便攜帶性產品

英國與美國市場近年因應可移動性及方便攜帶之潮流趨勢，不斷開發出各種新商品，例如：隨時隨地可服用之可快速減輕頭痛之咀嚼錠、不易碎包裝且可方便攜帶享用之迷你玉米脆片，以及專為電腦使用者設計，可單手拿取食用、不需拆掉多層包裝的食品。

2. 單人份產品

因應少子化及小家庭增多趨勢，食品公司積極開發單人份食用包裝之冷凍即食產品，如：玉米加奶油、結球甘藍加起司等冷凍食品，包裝容量改為較少的切片吐司。

四、生活型態導向之創新模式

㈠ E 世代行銷

在《世代行銷》（*Marketing to Generation*）一書中，將美國消費者依年齡及時代的影響分為：成熟世代（1909~1945 年）、嬰兒潮世代（1946~1964 年），X 世代（1965~1980 年）及所謂新人類的Y世代（1980 年以後出生）；而在台灣社會，則將 15 歲至 30 歲的消費者統稱為 E 世代，橫跨所謂 6 年級生（民國 60 年之後出生）以及 7 年級生（民國 70 年以後出生）；8 至 14 歲的消費者則統稱為吞世代（Tweens；Teens 與 Weenybopper 縮寫）。

1. 不容忽視的消費潛力

在眾多消費者族群中，E 世代消費者成為許多企業摩拳擦掌、躍躍欲試且極為重視的目標市場。從以下幾項調查及數據可看出端倪：

⑴國內調查資料

台灣大學生每月可支配的生活費平均為新台幣 6,500 元，其中有 37.5%的大學生一個月可支配的生活費約在新台幣 5 千至 8 千元間，可支配金額在新台幣 8 千至 1 萬 2 千元之間的比率高達 24.1%，這項費用尚不含食、宿兩大開銷。平均全台灣大專學生每月消費力高達新台幣 65 億元，一年接近新台幣 8 百億元。此數據尚不包含週期性採購，如新生入學、升級、畢業，或其他學習需求之採購，如教材、補習、遊學等。

⑵國外調查資料

美國和日本每三個家庭中，就有一個家庭的父母會在買車時徵詢孩子的意見，其中有將近五成的孩子會對品牌表達意見。孩子已經開始替父母之消費選擇作主，並有自己的品牌偏好。全球一年直接從吞世代手上消費掉 3,000 億美元，而其影響所及之消費則高達 1 兆 8,800 億美元，平均一年全球有 4 萬個廣告是為其量身定作。

⑶研究單位 Cahners In-Stat Group 調查發現

無線通訊設備已成為最受美國年輕人歡迎的物品之一，尤其是年齡介於 10 到 24 歲的E世代族群，特別偏好使用無線語音與數據傳輸，預估 2004 年美國將有超過半數的年輕人擁有無線電話，其中更有近四分之三的人是經常使用者。

⑷ IMC freak 網站分析

不論是電子商務（e-Commerce）或新興的行動商務（m-Commerce），根據調查，使用者大多是所謂的X、Y、Z世代，由於青少年的上網時數高，且勇於嘗試新事物，因此網站業者與廣告商均認為這群網路新世代所代表的網路潛在消費能力不容低估。而在所謂的新世代中，又以大學生消費能力最受廠商重視。大學生經常領導潮流，且又善於運用學校的寬頻上網，對上網消費較不畏懼，因此，雅虎奇摩、AOL、MSN 等大型入口網站無不使出渾身解數，開發各式各樣新產品，以迎合並吸引追求流行、喜愛探索新事物的年輕族群。

上述調查及統計資料透露 E 世代超強的消費潛力，這個族群不會因為無收入而減少消費。面對這群裝扮風格充滿強烈的個人意識、跳躍式思考、使用無厘頭語言的新世代消費者，傳統單純的 4p 行銷策略已然捉襟見肘，必須注入行銷第五元素「生活型態」，從心理層面來贏得這個族群的青睞。

2. E 世代的特質

綜合 E 世代族群之心理特徵及行為特質分析如下：

⑴電子化（Electronic）

跟隨科技及產業環境之發展，E 世代屬於電子世代，網路、電子式及互動式數位產品，如：手機、MP3 Player、數位相機等，均為此族群不可或缺之溝通工具。根據《國際先鋒論壇報》2005 年 12 月報導，各式酷炫的數位商品已經成為E世代消費的主力來源。不論是手機下載服務、線上遊戲以及虛擬人物的各項配備，已經誘使E世代掏出大把金錢。以日本知名線上遊戲Gaia為例，遊戲會員之中未成年比例相當高；美國迪士尼公司也看準E世代的市場，預計於2006年推出專門為孩子設計之手機。

⑵衝動化（Emotional）

他們對於喜歡的東西，可以把周邊商品全部買下來。尤其是對於偶像崇拜所引爆之消費熱度與商品忠誠度，足以誘導其將偶像身上所有之延伸產品全部購足。例如：Hello Ketty 等各式各樣著名卡通人物的週年慶、2006年世足熱等周邊商品廣泛出現在各型態通路中，並且成為該時間點之重要行銷工具，希望藉由這些賣點吸引顧客。

⑶自我中心型（Egocentric）

他們不在意別人的眼光，我行我素地過自己的人生。只要是我喜歡，沒什麼不可以！

⑷苛求型（Exigent）

與其說E世代苛求，不如說他們重視包裝、重視外型與形象，更甚於其他條件。

就生活型態、行為特質、消費慣性等角度再深入分析，可以把E世代歸納成6個類型：

①唯我獨尊疏離族：疏離感深，獨來獨往是明顯的特色。這類人的自我意識非常高，有自己的定見，不容易被說服；不在意自己的外表裝扮，也不喜歡跟其他人打交道，通常比較喜歡音樂或藝術品。

②拜金主義時尚族：崇尚名牌、追求流行、多半生活優渥。他們不僅重視實用，更在乎是否有時尚華麗的外表，對於錢、數字沒什麼概念。

③前途至上早熟族：這些人多活躍於學校的服務性社團，熱心公益，喜歡助人，不大會計較付出的比別人多。從年輕時就非常清楚自己的目標、理想，認為擁有高學歷，才能獲得更好的工作機會，一開始工作就立定方向，希望自己不到30歲就能當上主管並且有一大筆存款。

④恐龍蜥蜴網路族：整天泡在網咖或是整夜掛在網路上。迷戀網路虛幻的世界，更甚於與真實世界的人打交道。喜歡用很多的表情符號，而不是文字來表達自己的感覺。

⑤井底之蛙仙子族：他們多半是父母的掌上明珠或少爺，生活在上一代架設

好的價值觀內，鮮少有機會接觸不同價值觀的人。

⑥拼命三郎打工族：他們大多因為家境窮困，從小就開始打工賺錢。非常節省，對於花費錙銖必較，對於哪裡有特惠商品和大拍賣的消息十分靈通。

綜合言之，E 世代願意花錢「投資自己」，諸如大手筆購物，甚至努力存錢留學等。如此的消費心態導致E世代擁有驚人消費力，自然成為商家全力鎖定的掏錢族群。然而，當企業進行行銷佈局時發現 E 世代的行銷存在相當挑戰，E 世代消費特性過於多元，加上習慣於媒體的多變與奇特的邏輯，使得看似容易收買的E世代其實反而最令商家捉摸不定。行銷人員認知到要以客製化的策略作為行銷訴求，但客製化之前提在於掌握顧客之需求，然而E世代的需求果真容易清楚的掌握嗎？

3. E 世代服務創新模式

因應E世代之特質，似乎商機無限，但也似乎難以捉摸。典型成功案例之分析與參考應有助行銷策略之擬定。

⑴皮卡丘炫風

皮卡丘最早出現在任天堂的Nintendo Gameboys的螢幕上，這款遊戲強調的是讓孩子們在遊戲當中體驗彼此對戰的競爭性與挑戰性，藉由皮卡丘的遊戲設計搭配漫畫及動畫的整體行銷，不僅使神奇寶貝成為商業上超級奇蹟，也成為遊戲授權和卡片收集史上最成功的案例。皮卡丘進入美國市場後更神奇的壓倒了本土的迪斯奈動畫王國，成為數百個電視頻道競相播放的超級寵兒。這個現象說明只要在電玩遊戲添加孩子們喜歡的複雜度與挑戰性元素，就能博得青睞。

⑵流行音樂＋偶像

目前台灣最火紅的偶像歌手，無論是專輯唱片或周邊商品均持續發燒熱賣，據估計其中平均八成以上之營業額是由吞世代所貢獻。「音樂創造夢想，夢想建立品牌」，音樂工業已經成為目前E世代消費市場最大收益之區塊。音樂透過各式管道滲透進年輕人心中，創造感動，鏈結了偶像與E世代間之情感，帶動流行趨勢。登上排行榜之後，除了歌手本身受到矚目之外，其穿著、語言、行為、戲劇與相關周邊商品都可能因此爆紅，E 世代以實質之消費參與流行，滿足成就心中的感覺。

⑶以卡通人物為主的另類偶像行銷

可愛、虛擬的卡通人物，再加上琅琅上口的廣告歌曲，似乎已經成為搶攻 E 世代及其父母親輩目光之熱門手法之一。Qoo 酷兒以可愛卡通人物配合孩童順口可哼之主題曲，展現驚人魅力；台灣人壽的「阿龍」人氣廣告吹起台灣廣告界的「角色行銷熱潮」，可愛的阿龍在麥克風前載歌載舞，不僅成功扭轉台灣人壽傳統形象，也在許多孩子們心目中留下可愛的印象。7-11 便利商店近年推出的Hello Ketty造型磁鐵帶動消費者的收集風潮，為商品創造可觀的收入，也迅即帶動其他便利商店積極跟進。

⑷跨媒體整合行銷

整合性的跨媒體行銷已經成為品牌廠商獲取最大利潤之首要作法，除了藉由傳統媒體傳播之外，若再搭配網路平台、商品、看板，提供即時、彈性與互動之接觸，將更容易吸引 E 世代之目光。茲舉幾個代表性案例：

①哈利波特旋風：結合書籍、電影、周邊商品、網路討論區

哈利波特之全系列書即已在全球狂賣 2 億 8 千萬本，好萊塢看準此股熱潮，持續推出多部哈利波特電影，而早在電影上映前相關周邊商品早已紅遍半邊天，小自玩偶拼圖大至模型掃帚，樣樣商品暢銷，連網路上均出現許多哈利波特的熱門討論區。

②迪士尼熱潮：集團整合＋異業結盟

全球影視娛樂帝國迪士尼集團相當善於運用整合性行銷手法，公司一推出新電影作品即可透過集團旗下四通八達之傳播媒介進行強力宣傳，如：迪士尼卡通頻道、ABC電視台、迪士尼玩具專賣店、Disney.com網站、全球各地主題公園等，甚至還與可口可樂、麥當勞進行異業結盟。在電視強力曝光的麥當勞廣告中，可愛的巴小飛自在、快速地穿梭在麥當勞店內玩耍的情節，正是將迪士尼動畫和麥當勞完美結合的極佳行銷實例。

⑸提升網路客戶的忠誠度

網路行銷始終是近 10 年來企業對E世代行銷的重要工具，然而由於進入障礙低及顧客忠誠度不易掌握，網路行銷淪為容易進行卻不易成功的行銷工具。如何運用行銷手法開發具顧客價值之網路服務將是網路行銷的重要利基。中華電信以「部落格」行銷開發 E 世代商機，隨著網路上各種應用日趨多元，為了持續強化

品牌價值並且鞏固市場優勢，唯有增加網路會員之黏著度及活躍度，並進而強化會員使用服務的廣度與深度，才能提升附加價值，進而提升使用者的品牌忠誠度。經過與網路重度使用者（目標客戶）訪談後，中華電信推出一系列迎合現代使用者需求的產品與服務，包括以中華電信極具優勢的頻寬、空間為基礎的電子信箱、相簿和網路硬碟等功能。此外，行銷團隊特別規劃將部落格整合於Xuite服務中。Xuite提供相當便利的影音串流及分享機制，強調分享、互動與參與的社群文化，它成為一種新的媒體機制，在這個媒體上使用者可以找到自己的風格。

中華電信於2006年初推出的「為紫斑蝶記錄回家的路——生態部落格選拔」活動，吸引了許多小學生、上班族加入尋找蝶蹤的行列，其行銷訴求在於呈現企業對土地與社會的使命感，帶動社會運動。中華電信運用 Xuite 平台推廣公益活動，背後的精神在於凝聚大眾的力量，以關懷社會上容易被忽略的人事物；而 Xuite 使用方便、進入門檻低，以及使用者樂於分享、參與的特質，使得 Xuite 成為公益活動的最佳傳播媒介。Xuite 已經成為中華電信 Hinet 會員最喜愛的服務之一，也吸引愈來愈多的網友加入分享夢想與生活的 Xuite 行列。Xuite 藉由貼近生活的服務元素走進民眾生活中，其提供的顧客價值不言可喻，而對中華電信而言，Xuite 的成功行銷打造了顧客忠誠與公益形象的雙贏局面。

⑹從幼齡建立品牌識別力

品牌知名度與品牌接受度間有絕對正相關。根據調查指出，有將近八成之小大人對於品牌之喜好程度決定於他們是否接觸過此品牌。英國品牌調查指出，一旦品牌概念深植於E世代心裡，儘管他們長大成人，對於品牌之忠誠度將延續不斷，跨越世代。小孩子可以從各種管道了解品牌價值，因之在各種媒體中增加曝光、提升品牌的知名度就成為E世代品牌養成之重要手段，其中又以電視媒體對年輕族群之影響力最顯著。小孩對於電視廣告之接受度比成人高出兩倍以上，因之廣告中多樣化的內容已深深吸引E世代，再加上電視屬於大眾媒體，父母親得以陪孩子一起接收資訊，孩子可以直接表達購買意願，刺激父母之消費慾望。

㈡ M型消費取向行銷

針對M型消費取向，商家採取的行銷策略通常根據企業的市場定位在下列兩個選項中抉擇：定位在M型的某一端；抑或兼擁M型的兩端。亦即，商家可能在滿足一般中下消費水平或頂級消費族群中擇取其一；或者是所推出之服務組合同時滿足上述兩型族群之需求。

1. 主打M型一端的行銷模式

服飾精品業者看準M型消費金字塔頂端族群的需求，針對這些具高消費能力的顧客，祭出「獨家」和「限量」的商品策略，提供近似「下單訂做」的顧客價值，以「貴一點、少一點」的消費意念打造「塔尖經濟學」。某些精品品牌定期以頂級飯店、豪華晚宴，以及主題之夜塑造浪漫回憶，滿足這些奢華族群感官享受；頂級運動商品也經常主打塔尖族群行銷路線。

2. 主打M型兩端的行銷模式

在一個服務系統內可同時提供M型兩端的需求，以餐廳為例，餐廳可同時推出「無菜單」的主廚推薦，其所對應的消費心理，一端是「感覺中上、價格中下」；另一端則是「感覺唯一、價格第一」。影響價格的主要因素是食材與服務。前端消費者可接受的價格必須是「合眾而平價」；另一端則是「獨特而高貴」。

行銷案例：大台北地區某溫泉會館

營運背景說明：

1. 針對「歐風館」及「和風館」兩大主體服務設施進行行銷設計。
2. 「歐風館」為原服務主體，主要客源為親子家庭以及公司行號企業團體的會議渡假客層。
3. 「和風館」為新建服務主體，服務族群待市場定位。

行銷策略：

以分眾行銷及差異化服務策略，成功的滿足M型兩端的顧客族群，拉高營收。

1. 區隔「歐風館」及「和風館」之客層，「歐風館」主攻親子家庭；「和風館」鎖定高檔散客。
2. 「和風館」之吸客策略：
   ①將十餘個公共湯池予以「主題化」、「養生化」及「趣味化」，利用精油增加湯池的氛圍或機能。
   ②全面更換館內客房內的備品，以高知名度進口品牌取代原國產品。提供居家舒適和服給房客使用。

③增設客服中心及禮賓人員，提供「貴客」更完整、全面性服務。

④房客可享用限量供應的和風套餐。

⑤為維持住客或湯客住宿與泡湯品質，考慮未來該館不接受16歲以下客人。

㈢樂活行銷

美國社會學家雷保羅（Paul Ray）與心理學家耗時15年調查，發現在美國有五千萬個所謂文化創造者（Cultural Creatives）具有「樂活族」（Lifestyles of Health and Sustainability—LOHAS，台灣譯為樂活）的特質。這個族群在生活中同時追求「自身健康」與「環境永續發展」，趨勢專家稱之為「內建外續」，他們對內重視身體保健及個人成長，對外實踐環境保護與社會關懷，強調愛健康、愛地球的新生活概念，意指「持續性的以健康的方式過生活」。LOHAS的概念在美日等國受到熱烈迴響，在台灣已有一個族群從消費及生活上認同並實踐「樂活」，對這族群來說「樂活」不是一種時髦的追隨，而是一種生活態度的實踐。

1. 樂活族群的生活型態

「樂活族」的觀點引爆之後，世界先進國家紛紛盤點自己國內樂活族群的數量，發現這個族群占有相當高的比例，歐盟國家「樂活族」人口超過25%，日本也有將近25%「樂活族」人口；而在台灣，根據消費者生活型態與市場研究顧問「東方線上」調查結果（表8-2），台灣13~64歲消費者依據其樂活程度的不同可分為自在樂活族（16.9%）、消費樂活族（17%）、中庸均衡族（18.2%）、利己享受族（24.4%）及消極散漫族（23.7%）等五群。其中以自在樂活族最符合樂活的本

表8-2

類型	百分比	推估人口數
自在樂活族	16.9%	2,852
消費樂活族	17.0%	2,861
中庸均衡族	18.2%	3,063
利己享受族	24.4%	4,110
消極散漫族	23.7%	3,992

資料來源：E-ICP2007年版，調查時間：2006年6~8月。

性，估計約285.2萬人；而消費樂活族以消費建構樂活生活，約為286.1萬人，具有樂活傾向者為571.3萬人，也即是台灣13~64歲人口中每三位中即有一位為樂活生活者。從服務行銷角度來看，三分之一比重的「樂活族」生活型態儼然成為現世代行銷活動的重要目標族群，針對樂活族群挖掘各種可能的商機頗值得服務型企業列為未來行銷的重要課題。

⑴自在樂活族：最符合「樂活」本性者：

①族群比重：占全部人數的16.9%。

②族群特質：

a.45~64歲占此族群49.5%，年紀偏大，八成已婚，56.8%居住於北部。

b.隨性並維持運動健身習慣，不在意世俗與金錢，也不太刻意要求自我，總是以自己覺得理想的方式過生活，比較不在意外人眼光。

⑵消費樂活族：高程度接近「樂活」本性：

①族群比重：占全部人數的17%。

②族群特質：

a.以消費建構樂活生活，66.1%居住北部，年紀較自在樂活群年輕。

b.在生活上以健康為優先前提，不僅積極關心自身健康，也憂慮家人健康的變化。重視環保概念及精神生活，在消費時會考量本身的社會責任。

c.消費方面崇尚時髦，用消費展現品味，用花錢換取儉約生活。

⑶中庸均衡族：

①族群比重：占全部人數的18.2%。

②族群特質：

a.44%居住於北部、30%居住於南部。

b.沒有「消費樂活族」那麼的健康、環保、社會正義、重視心靈成長，但他們生活在一個恰到好處、適可而止的平衡點上，不會極端的追求樂活，但仍然以自己的方式關心社會及家人。

⑷消極散漫族：

①族群比重：占全部人數的23.7%。

②族群特質：

a.以居住南部最多，占42.3%。

b.他們是最不樂活的一群人，對於健康抱持散漫的態度，不會特別去關注與預防保健，也較少用運動來維持健康，對於社會國家大事及環保議題也漠不關心，不在乎生活品質。

⑸利己享受族：

①族群比重：占全部人數的24.4%。

②族群特質：

a.男性（53.6%）略多於女性（46.4%），47.4%未婚。

b.是最不關心健康及環保的一群人，對於自身及家人的健康不太關心。對自己的生活不懂得打算，另一方面又不安於現狀，希望能夠享盡各種資源。

c.綠色議題他們完全漠視，短視的以當下的利益為優先考量。

2.樂活族群服務創新模式

美日先進家樂觀的預測樂活商機，日本預估2005年將有近4,400億日圓的樂活商機，美國則估計樂活族群將造就美國2,300億、全世界5,400億商機。這股龐大的商機值得行銷人員認真的挖掘與策劃。

⑴高智慧

樂活族群是一群高智慧的族群，企業必須確切了解樂活的意義及價值，才能量身定做出符合這個族群消費者需要的產品及服務。

⑵多元性

樂活族群應是多元存在於社會各階層，亦即不同的社會階層均有符合樂活「內建外續」的生活方式，而不侷限於某個階層。故而行銷策略應針對不同階層的樂活族推出服務組合。

⑶高環保

樂活族群不但重視產品本身，也非常在意產品被生產製造出來的過程，包括原材料的取得、環境污染的程度等。甚至，他們會近一步求證提供產品或服務的企業是否真正為樂活價值的實踐者，當其發現企業佯裝樂活概念、欺瞞消費者、藉機獲取更高利潤時，樂活消費者必將即刻唾棄。

Starbucks消耗掉全世界20%咖啡豆，造成生產國家農民被剝削等問題而遭到挑戰，為了因應，Starbucks提出以當地物價用合理價格採購咖啡豆等措施來彌補這群人所產生的疑慮；國內和風風格之速食業者摩斯漢堡推出標榜無污染的高山高麗菜加入樂活飲食行列，摩斯漢堡標榜採用有生產履歷、高海拔、無污染種植的高麗菜，並保證達到無焦黑、無枯萎、無水傷、無腐爛、無病蟲害及無農藥殘留等七項嚴選標準；1980年在美國德州崛起，現今為世界自然與有機超市第一名的 Whole Foods market就是因為它始終遵守「內建外續」的原則而深受樂活族認同。

摩斯漢堡陸續推出無污染的食材吸引樂活族

⑷健康自然風

樂活族群秉持積極入世的生活觀與行動力，他們重新定義成功不在於財富的多寡，而在心靈的自我實現。他們具高度社會自覺，為創造一個人類美好的未來而努力。為達到這個願景，他們強烈主張並服膺健康自然的生活態度，主張人類應在環境保護的大前提之下，以自然健康的飲食與生活方式追求心靈的自我實現。國內便利零售店龍頭統一超商率先響應樂活運動，2007年起在全省7-11門市推出「My LOHAS STYLE」樂活商品預購，結合14家有共同樂活理念的廠商，一起規劃「天然蔬果輕食」、「海之新鮮原味」、「簡單生活樂趣」、「美人的紓壓」及「樂之戶外生活」等五大系列共23款商品，倡導簡單健康的飲食及生活。

英國《經濟學人》報導指出，結合健身、營養、美容，以及溫泉療法、精神療法等多樣養生型態，著重身心靈健全的商業趨勢，將成為休閒商機的主流。美國休閒渡假公司峽谷農場（Canyon Ranch）將前述健身、溫泉療法等多項養身健康產品組合整合成為健康養生的旅遊事業，打造成為富豪溫泉療養的首選；沃爾瑪（Wal-Mart）正在銷售有機食品；可口可樂公司也在開發健康飲料。

第九章
價值導向之服務創新

本章概要

第一節　價值服務之構面

第二節　價值服務發展模式

一、新服務團隊

二、新服務發展模式

三、價值服務利潤模式

第三節　服務構面之產業差異

第四節　價值服務發展個案

個案一：統一速達——黑貓宅急便

個案二：中菲行——物流配送

個案三：M電信——行動商務加值服務

個案四：松下資訊——行動商務加值服務

綜合前面章節，為求在新世代產業競爭中勝出，服務提供者必須不斷發展能夠創造物超所值之顧客價值的服務。所謂「物超所值之顧客價值的服務」即為「價值」導向之服務，本書稱之為「價值服務」（value-based service）。本章重點即在於以「顧客價值」為核心，介紹價值服務所涵蓋之構面，以及企業如何透過有系統的服務發展模式，發展出能創造物超所值的顧客價值之服務。

借鏡國外新服務標竿個案發展經驗得知，新服務之發展需藉由不同於以往之發展模式來創造價值，其中關鍵要素在於深入挖掘顧客需求、掌握顧客價值之所在，並建構超越傳統格局之發展機制，包括新技術之運用與流程之改造，以及蘊含創新思維之企業文化等，在此機制下發展推出以顧客價值為核心之服務組合，具備市場機會與獲利優勢。國外文獻並強調掌握顧客價值之關鍵在於「顧客涉入」，服務發展階段邀請顧客參與可以貼近市場，並且可加速服務上市時程、搶奪商機。

本書參考先進國家近年新服務成功發展經驗，並進一步以國內產企業經營者及服務研究專家為諮詢對象，以及服務產業標竿型個案為樣本，進行價值服務構面探討，以及建置價值服務發展參考模式，提供產企業發展創新服務或進行現有服務改善之參考。

第一節　價值服務之構面

依據前述，「價值服務」意指：能創造物超所值的顧客價值之服務；「顧客價值」意指：顧客所認知到之「服務價值」超越顧客期待之程度；「服務價值」意指：顧客對價值創造系統所提供服務之整體價值的認知程度。

綜整國外新服務發展文獻及國內最新有關價值服務發展之專家意見與實證研究結果，價值服務發展機制包括兩大平台：「顧客平台」及「創新平台」。

「顧客平台」指新服務之發展在創造顧客價值為核心前提下，服務精神聚焦顧客，必須建置一個含括顧客參與、互動介面以及顧客價值監控系統等構面之平台，俾有系統的收集、分析與顧客價值相關之質化與量化資料，建構發展價值服務系統之基礎。「顧客平台」包含「顧客參與」、「互動介面」、「顧客價值」等三項構面、14 項元素（參見圖 9-1）。

「創新平台」指新服務之發展在創造顧客價值為核心前提下，應跳脫舊式思維與營運模式，將創新思維注入企業文化之中，從創新文化啟動新服務發展，運用創新技術於新服務醞釀與設計發展，設計推出兼具創新性與價值之服務組合。由於服務概念與服務手法極易為競爭對手複製模仿，唯有不間斷的推出創新之價值服務，方得在激烈競爭之服務產業勝出。「創新平台」包含「創新文化」、「創新技術」、「創新流程」、「創新評估」等四項構面、17 項元素（參見圖 9-1）。因之，「價值服務發展模式」即是指以顧客為中心，整合顧客平台及創新平台兩大主軸，推出新創服務之流程與運作機制。

價值服務七大關鍵構面之意涵如表 9-1。

表 9-1　價值服務構面之意涵

構　面	意　　涵
顧客參與	指價值服務之發展應重視服務發展過程邀請顧客參與。
互動介面	指價值服務之發展應重視與顧客互動介面之設計。
顧客價值	指價值服務之發展應重視顧客價值分析系統之建置，俾收集顧客資料，分析顧客價值所在。
創新文化	指價值服務之發展應塑造具創新精神之組織運作與創新思維之人員特質。
創新技術	指價值服務之發展應重視創新技術與概念之運用。
創新流程	指價值服務應重視服務流程之重新設計與創新。
創新評估	指價值服務推出後應重視創新服務績效之評估。

圖 9-1 說明價值服務發展系統相關平台、構面與元素間之關聯架構。

表 9-2 說明價值服務各項構面元素之意涵。

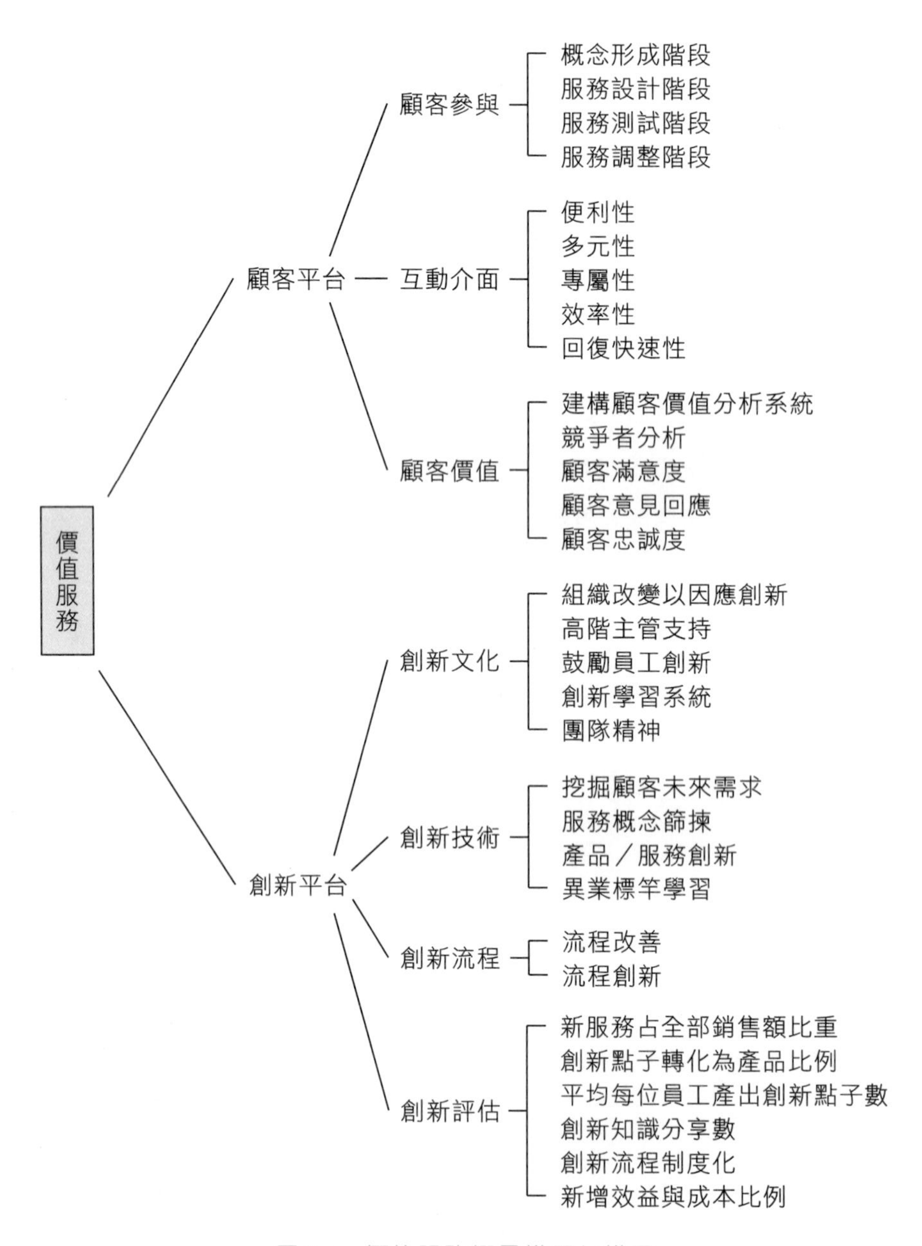

圖 9-1　價值服務衡量構面架構圖

表 9-2 價值服務構面元素之意涵

構面	構面元素	意涵
顧客參與	概念形成階段	指顧客參與新服務概念之醞釀及篩選階段。
	服務設計階段	指顧客參與產品或服務篩選確定後之設計階段。
	服務測試階段	指顧客參與新服務或產品設計雛型之適用或測試階段。
	服務調整階段	指顧客參與新服務或產品測試後的再微調與修正。
互動介面	便利性	新服務應提供顧客便利之互動介面，俾利顧客詢問服務相關事宜及提供建議。
	多元性	新服務應提供顧客多元化之互動介面（如Internet、電話、……），俾利顧客運用不同管道與企業互動。
	效率性	重視顧客介面之回饋與改善，以及維持該介面運作之成本效益。
	專屬性	新服務應提供顧客專屬之介面（如個人專屬服務），提高服務價值感。
顧客價值	回復快速性	新服務針對顧客諮詢與意見應快速處理回復。
	建構顧客價值分析系統	新服務應建構顧客資料收集機制，俾了解、分析、掌握顧客價值。
	競爭者分析	發展新服務應分析競爭者之優劣勢，並可請顧客協助對競爭者之產品與服務予以評價，作為分析競爭對手之參考。
	顧客滿意度	新服務應定期進行顧客滿意度調查，並將調查資料建置成完整資料庫，以分析顧客對服務之評價與期待，作為服務改善及新服務發展參考。顧客包括內部顧客（企業員工）及外部顧客。
	顧客意見回應	公司應建立顧客意見回應系統，並經常性監督回應速度及回應處理方式是否滿足顧客需求，並能將顧客意見落實於服務改善之中。
	顧客忠誠度	新服務應定期進行顧客忠誠度調查，分析顧客再購意願與推薦意願，以掌握企業獲利空間。

創新文化	組織改變以因應服務創新	組織文化無法適應服務創新之發展時應進行變革，一方面要提出防範員工抗拒改變之方案，另方面要調整運作方式，以及組織文化的徹底轉化，建立創新型的組織文化。
	高階主管支持	指高階主管應支持並參與新服務發展。
	鼓勵員工創新	指公司應建立一套獎勵機制誘導員工提出創新點子，並對新服務之創新有貢獻者予以鼓勵。
	創新學習系統	組織內應有具創新精神之學習系統，使員工不斷自內部及外部學習，激發創新概念與提案。
	團隊精神	藉由團隊合作發展之創新服務才具獨特性，競爭者不易模仿。
創新技術	挖掘顧客未來需求	採用有別於傳統之主動式研究方法（如價值區隔法）挖掘顧客未來之需求及價值。
	服務概念篩揀	運用創新手法篩選員工或顧客提出之創新點子。
	產品／服務創新	開發具創新概念或創新設計之產品或服務組合。
	異業標竿學習	為追求突破性創新，企業應跨越產業界線，向異業標竿案例學習。
創新流程	流程改善	檢討現有服務流程，依據顧客需求進行服務流程改善或重新設計。
	流程創新	新服務之發展應以顧客需求為導向，以創新之服務流程提供價值服務。
創新評估	新服務占全部銷售額比重	以特定期間內新服務之銷售收入占全部銷售收入之比重作為評估創新成效之指標之一。
	創新點子轉化為產品比例	以特定期間內創新點子轉化為商品化產品之比重作為評估創新成效之指標之一。
	平均每位員工產出創新點子數	以特定期間內平均每位員工產出之創新點子數作為評估創新成效之指標之一。
	創新知識分享數	以員工分享創新知識之數量作為創新評估指標。
	創新流程制度化	傳統推出新服務採腦力激盪配合試誤法已不敷所需，欲以創新服務建立企業優勢應將創新流程制度化。
	新增效益與成本之比例	以推出新服務所達成之效益與所使用之成本之比例作為評估指標。

第二節　價值服務發展模式

價值服務發展參考模式如圖 9-2。

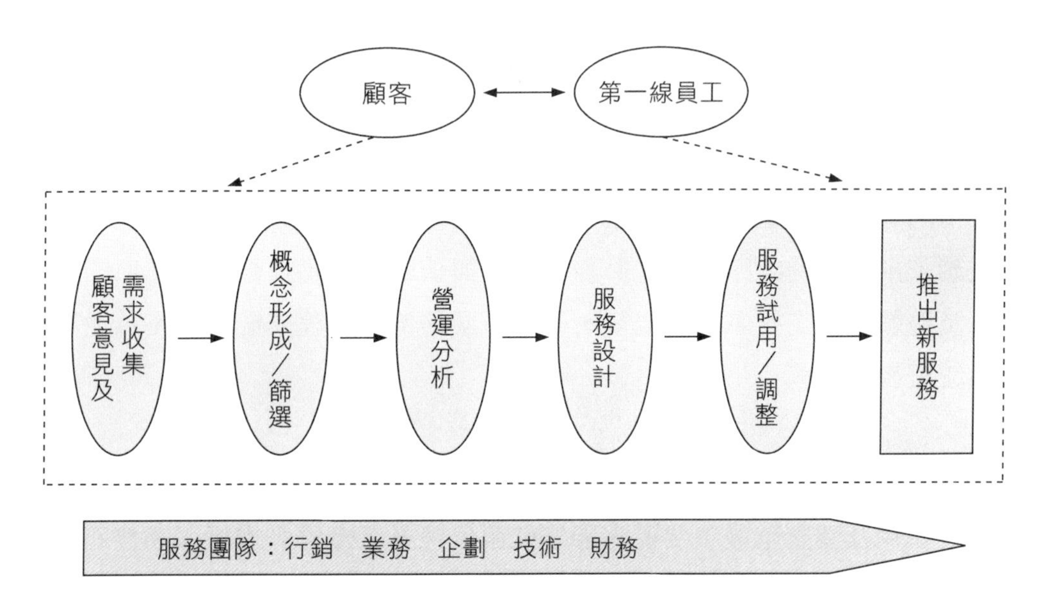

圖 9-2　價值服務發展模式

一、新服務團隊

企業發展新服務之團隊通常包括：行銷、企劃、業務等核心部門，加上技術、財務及資訊等支援部門組成，通常為非正式組織型態，以矩陣式之任務型組織型態運作。

二、新服務發展模式

㈠顧客意見及需求收集

行銷部門一方面掌握國內外最新服務發展資訊與技術，另方面結合企劃、業務部門收集、分析顧客目前及潛在需求，定期檢視客訴系統收集到之顧客意見，業務人員及第一線員工隨時收集顧客需求之變化與需求新增之第一手資料。

㈡新服務概念形成／篩選

整合各介面收集到之顧客意見與需求，醞釀、形成新服務概念，邀請第一線員工及顧客共同篩選服務概念。

㈢營運分析／服務設計

服務團隊根據篩選後之服務概念進行營運分析及服務設計，此階段通常除行銷、企劃及業務部門參與之外，財務部門參與營運評估，技術及資訊部門協助服務設計及整體資訊支援系統之規劃，確保新服務傳送流程具成本效率，並與企業原有系統緊密搭配。

㈣服務試用／調整

服務試用及調整階段主要邀請顧客及第一線員工參與，進行服務修正調整，直到試用之顧客及第一線員工確認服務滿意且具價值。

㈤推出新服務

試用及調整成功。

三、價值服務利潤模式

建置發展價值服務主要目的除了傳送顧客價值之外，最重要的在於創造企業之獲利，因之，價值服務發展模式應導引向企業獲利，形成價值服務利潤模式，依據圖 9-3，價值服務利潤模式之意涵為：藉由價值服務發展系統傳送服務價值，在服務價值之基礎上，創造顧客滿意與忠誠，進而締造企業的營收與獲利成長。

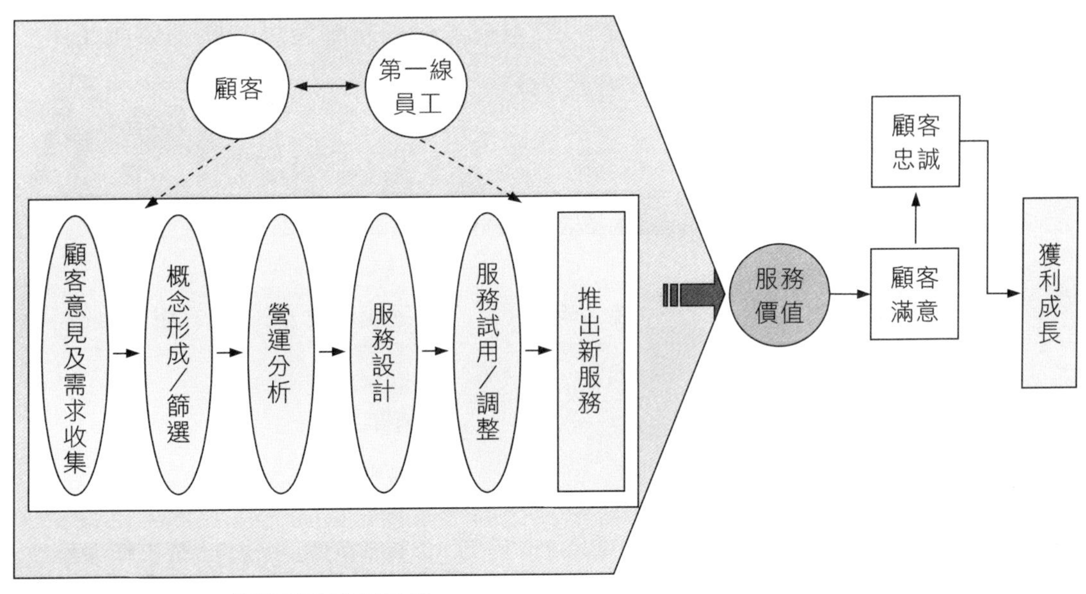

圖 9-3　價值服務利潤模式

第三節　服務構面之產業差異

根據服務型企業個案研究結果，企業發展新服務時，其價值服務構面七項構面中，重要順位以「顧客價值」及「創新文化」為最優先，顯見企業普遍認知到發展價值服務首需挖掘顧客需求、掌握顧客價值，以及塑造具創新精神之組織運作與創新思維之員工特質。觀察產業性質，通訊服務產業個案特重創新文化構面；流通服務產業特重「顧客價值」構面。

由於產業特性之差異，在「顧客平台」及「創新平台」之優先順位方面，流通服務業較著重「顧客平台」；通訊服務業較著重「創新平台」。流通服務產業較強調於服務過程中挖掘顧客潛在需求，較重視顧客參與顧客意見之回應、進行服務精緻化，以回應顧客需求及服務差異化創造顧客價值，其強調流程創新並非價值服務之必然要素，著重流程改善及精緻化，服務概念形成階段較重視顧客及第一線員工之參與；通訊服務產業因其產業競爭型態之需要，較著重塑造企業創新文化、遴選具創新特質員工、員工創意激發與在職訓練、運用創新技術挖掘、發展服務概念、創新流程傳送服務等，較重視組織創新學習以發展創新產品與服務組合，取得競爭優勢。相關比較如表 9-3。

表 9-3 價值服務構面發展順位之產業差異

	通訊服務業	說 明	流通服務業	說 明
平台順位	1.創新平台 2.顧客平台		1.顧客平台 2.創新平台	
構面順位	1.創新文化 2.顧客價值 3.創新技術 4.創新流程 5.創新評估 6.互動介面 7.顧客參與	7.產品專業度高，顧客不易參與。	1.顧客價值 2.創新文化 3.顧客參與 4.互動介面 5.創新技術 6.創新流程 7.創新評估	3.藉由顧客參與服務概念之醞釀，以確保新服務滿足顧客需求。 6.服務創新與流程創新非絕對相關，強調流程改善與精緻化。

註：數字代表順位序號，數字愈小代表順位愈高，重視度愈高

第四節 價值服務發展個案

國內近年服務型產業逐漸重視透過創新締造服務價值，部分產業因產業發展屬成熟階段，著重在現有服務組合中追求精緻化，提供以往未提供之更精緻服務；某些產業則因處於高度競爭階段，產品或服務之生命週期短，必須不斷推出新產品與服務組合，搶奪先機，這些產業積極進行創新服務之發展。本節介紹國

內流通產業及通訊服務產業服務創新成功案例，冀藉由這些服務創新發展模式之分享，提供國內產業進行服務改善及創新之參考。

【個案一】：統一速達——黑貓宅急便

公司名稱：統一速達股份有限公司

一、企業基本資料

創立時間：西元 2000 年元月

資本額：新台幣 10 億元

營業額：新台幣 20~25 億元

營業規模：122 個營業據點，854 台集配車輛，15,000 個代收據點

股東持股：統一企業 20%、統一超商 70%、日本大和運輸 10%

員工人數：1,800 人

主要服務：宅急便、低溫宅急便、到付宅急便、物販（礦泉水及紙箱的銷售）、客樂得（貨到收款）

產業類別：宅配

經營型態：□B2B ■B2C ■C2C

企業簡介：

「宅急便」源自於日本，是日本大和運輸公司專有的服務標章，已屬於日本公眾服務事業的一環。為了提供與日本同步的高品質配送服務，讓台灣的消費者能夠更輕鬆的享受生活，統一速達於 2000 年 10 月正式引進個人包裹的配送服務「宅急便」，希望讓台灣的民眾都能感受到統一企業集團董事長高清愿先生所謂「人在家中坐，貨從店中來」的生活。「宅急便」鎖定家庭及個人消費者，以提供專業、便利、親切的服務為職志，將顧客託寄的物品安全準確的送到收件人手中。目前利用 7-11、康是美、福客多、OK 便利商店、新東陽、郭元益等全台超過一萬家門市為代收據點，未來更將全力整合各項相關資源，如：郵購、網路購物、各地名產配送、物流等，以及多元化開發各種「宅急便」業務，同時加強與

其他通路合作以形成更緊密的運輸服務網，並在機場、車站或觀光景點設立服務站。

統一速達致力架構全台綿密的服務運輸網，無論是市內、高山甚至離島，皆提供親切、便利、貼心的服務。未來將活用「宅急便」的基礎，創造新的流通管道與文化，期望帶動台灣物流環境與品質的提升，並提供台灣消費者豐裕的生活方式。

2000.1	「統一速達股份有限公司」正式成立
2000.10	宅急便服務正式開始，初期服務範圍為桃園以北
2000.12	「宅急便」服務範圍延伸至台灣西部
2001.2	宅急便服務範圍全面延伸至台灣全島
2001.7	宅急便服務範圍拓展至離島澎湖地區
2002.8	「客樂得」代收貨款服務正式導入
2003.1	改為全面導入 PP（Portable POS）系統
2003.10	出版《黑貓探險隊・各地名特產專刊》情報誌，首創宅配業出書先例
2003.12	「宅急便」服務拓展至離島金門地區
2004.08	「宅急便」服務拓展至離島小琉球區域
2004.09	日本大和運輸入股投資統一速達宅急便

經營理念：

1. 構築配送全國家庭運輸網，提供全國一致的優質服務，為消費者創造更便利、舒適的生活。
2. 服務優先，利益隨之而來。先建構網絡，商機逐漸衍生。

二、新服務發展模式

㈠新服務發展團隊

1. 新服務發展團隊核心成員包括行銷、業務、企劃部門，次核心成員包括資訊、財務部門，以及第一線員工。

第一線員工：主要為業務司機（Sales Driver, SD），在宅配服務時與顧客接觸，收集顧客需求相關資料，以「日報表」報告顧客資訊，肩負顧客需求第一手資料收集之重要任務。

2. 新服務發展精神：

(1)視新服務為競爭力之一部分，維持企業持續成長之關鍵因素。

(2)深耕企業服務文化，以貼近顧客的心，發掘顧客需求，創造服務價值。

(3)以人本關懷抓住第一線員工的心，掌握每一個顧客行銷的黃金時刻。

(二)新服務發展模式

1. 新服務發展流程及各階段主要參與人員如表 9-4 所示：

表 9-4　統一速達新服務發展流程與團隊

服務發展流程＼參與人員	顧客	企劃	行銷	業務	資訊	財務	第一線員工
策略規劃		●	●	●	●	●	
↓ 調查／分析顧客需求	●	●	●	●			
↓ 服務概念形成與篩選	●	●	●	●			●
↓ 營運分析		●	●	●		●	
↓ 服務設計		●	●	●	●	●	
↓ 服務試用／調整	●		●	●	●		●

(1)策略規劃：由企劃、行銷、業務、資訊及財務等部門參考日本成功模式，考量國內需求與產業發展，規劃擬訂企業發展方向，包括如何以新服務開拓市場，提高附加價值等。

⑵調查／分析顧客需求：

①某些新服務針對目標顧客進行問卷調查。

②進行區域性顧客滿意度調查。

⑶服務概念形成與篩選：服務概念之形成主要經由兩個管道：

①由下至上（bottom-up）管道：

a. 業務司機於平時進行宅配服務時接觸顧客、了解顧客需求。站在顧客立場，思考其有哪些不滿足、不安心（如易碎物品不放心交由一般貨運託運）、不方便之處，公司可提供哪些服務。

b. 公司提供提案獎金（金額介於台幣100至10,000元之間）鼓勵員工提案。

c. 前線業務單位（各營業所）每月戰略會議，提出新服務構想，先進行區域性試行，再擴大至全國。

②由上至下（top-down）管道：企劃單位（總經理室）取經日本成功模式，優先引進日本銷售業績較佳之服務組合，透過企業內部問卷調查，請各營業所主管篩選排序，提出國內顧客需求較高之服務組合。由行銷及業務部門（營業行銷支援部）彙總已醞釀成熟之服務概念。

⑷營運分析與服務設計：由企劃、行銷、業務及財務部門共同就篩選出之新服務概念進行營運分析，確認可行方向後，主導企業 e 化系統之資訊部門加入，一起進行服務設計。

⑸服務試用及服務調整：邀請顧客及第一線員工（SD）參與，與行銷、業務及資訊部門一起測試新服務之適用性，針對不適流程進行修正調整直到試用之顧客及第一線員工滿意為止，新服務之發展始告一段落，可進入商品化階段。針對特殊服務先進行區域性測試，再擴展至更大區域。

⑹在整體新服務發展過程中，顧客參與的階段主要在於：前段之調查／分析顧客（客戶）需求與服務概念形成階段，以及後段之服務試用及服務調整階段。

⑺第一線員工參與服務發展主要在概念形成階段，以及服務試用與調整階段。

2. 新服務發展模式如圖 9-4。

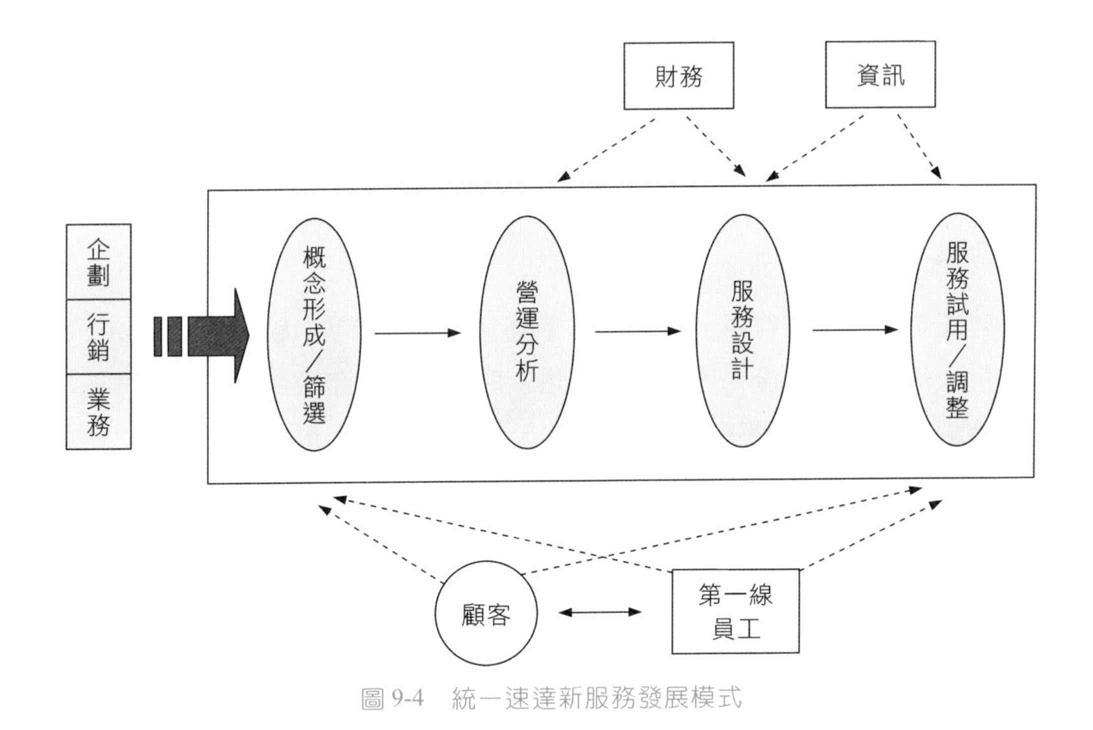

圖 9-4　統一速達新服務發展模式

三、顧客平台

㈠顧客（客戶）參與

服務發展過程顧客（客戶）參與階段：提供需求、概念形成／篩選、服務試用／調整階段。

顧客參與方式：

1. 針對新服務之目標顧客進行問卷調查，了解顧客對新服務之需求及反應。
2. 透過 SD 直接接觸顧客，收集、了解顧客需求。
3. 邀請顧客代表參與新服務之試用，請其提供服務調整建議。

㈡互動介面

1. 與顧客互動介面主要為：網站搭配客服系統，針對大型企業客戶設有專屬網頁。

2. 建置與顧客（客戶）互動介面時考量因素之重要順位依序為：
C2C 部分：便利性、多元性、效率性、回復快速性、專屬性
B2C 部分：效率性、回復快速性、專屬性、便利性、多元性

㈢顧客價值

1. 建置企業客戶資料庫，運用 DM 系統分析銷售情報、顧客需求。如：將客戶依行業別分類後，可分析出某類客戶對某些服務組合之需求程度。
2. 透過內部網路溝通平台（intranet），掌握並分析客戶資料，包括：銷售分析、交叉分析等。
3. 顧客資料之收集以行銷部門為主，資訊部門扮演支援角色，負責將行銷業務部門收集到之資料進行資料庫建置與統計分析，分析結果公布在企業內部網站供各營業單位依個別需要進一步運用加值。
4. 每年進行一次大規模之顧客滿意度調查。針對特定服務進行行業別顧客調查。
5. 競爭者分析：極重視競爭者情報之收集，規劃進行產業調查。

四、創新平台

㈠創新文化

1. 企業文化：
⑴堅持服務理念，致力於建立社會公共事業。
⑵現場主義，視第一線員工為服務價值創造之靈魂人物。
2. 高階主管極支持企業發展新服務，層級觀不明顯，授權程度高。
3. 績效評量週期：2 次／年；組織調整：1 次／年。
4. 企業有建立獎勵機制獎勵員工提創新點子，實現之點子提供獎金鼓勵。
5. 極重視企業內溝通、分享與組織學習。
6. 交流管道：每日朝會、企業內網站、內部刊物。
7. 日本大和運輸提供重要know-how及學習素材，對統一速達宅急便之服務發展具關鍵性影響。

8. 嚴格篩選第一線員工，確認其具備宅配服務所需之特質。針對現有員工，一方面提供其完整的在職訓練，包括：派遣第一線員工赴日參與觀摩企業之服務傳送流程，體驗標竿服務之精神。另方面持續灌輸「情感流」服務概念，協助其將宅配服務提升為情感傳遞之層面，強化工作價值感。
9. 服務創新方面，追求服務精緻化與服務提升，致力於在現有基礎及架構下可提供什麼新服務、可進行哪些服務加值。

㈡創新流程

1. 新服務流程之設計係針對顧客需求。
2. 以服務精緻化追求服務創新。

㈢創新技術

1. 運用DM、交叉分析、樞紐分析等分析顧客需求。
2. 同業標竿學習以日本模式為主。

㈣創新評估

1. 行銷業務部門針對某些特定服務進行局部問卷，調查顧客滿意度（如屏東地區試行低溫宅配）。
2. 網站上針對會員進行滿意度調查。
3. 委託市調公司進行顧客滿意度調查及產業調查。
4. 每年一次大規模顧客滿意度調查。

【個案二】：中菲行——物流配送

公司名稱：中菲行航空貨運承攬股份有限公司

一、企業基本資料

創立時間：1971年

集團營業額：新台幣 90 億

員工人數：1,500 人

主要服務：空運、海運、報關、倉儲配送，以及貨物保險等附加價值服務

產業類別：物流業

經營型態：■B2B □B2C □C2C

上市／櫃：上櫃

主要客源：電子業、通訊器材、高級成衣、其他

企業簡介：

中菲行自 1971 年成立以來即專注於國際運輸及相關服務之經營，在航空貨運承攬市場上已奠定良好的競爭利基。近年來公司業績持續成長，積極擴展全球服務網，不但強化內部資訊整合提高公司經營管理績效，並透過互動網站方式及整合性資料庫提供客戶供應鏈管理所需之即時資訊，協助客戶提高競爭力。擁有三十多年的全球運籌管理經驗，中菲行的全球行銷服務網遍布亞洲、美國、歐洲與澳洲等地。身為專業的國際性物流公司，中菲行與客戶及策略聯盟夥伴在激烈競爭的市場環境中成長，提供極具效率與量身打造的貨物代理服務。長期致力於與協力廠商及運籌管理服務業者建立穩健的合作關係，提供即時性服務，獲得多家代表性合作夥伴之肯定，包括：中華、長榮、西北、新航和國泰等多家航空公司頒發傑出績效貢獻客戶獎章。

其競爭優勢主要如下列：

1. 在目標市場策略性佈局。
2. 專業、彈性和團隊合作的服務精神。
3. B2B 電子商務供應鏈管理。
4. 多元化及創新的供應鏈管理服務。
5. 客戶導向的服務哲學。
6. 與各大主要航空公司及船公司的策略夥伴關係。
7. 放眼全球，深耕各地據點。
8. 良好的財務能力。

經營理念：

1. 專業經理人領導。

2. 彈性組織運作。

3. 深入了解客戶需求。

二、新服務發展模式

㈠新服務發展團隊

1. 新服務發展團隊屬彈性編組，團隊成員包括行銷部門、業務部門、資訊部門，任務分工：

　行銷：市場研究，收集國外新技術（報章、雜誌、國外分公司等），分析國內市場

　業務：平時接觸客戶、了解客戶需求，透過業務人員了解客戶對行銷部門提出之新服務構想之接受程度。

　資訊：資訊系統為公司之核心優勢，因應企業新服務之發展，提供最佳資訊支援，目的在提高服務效率，提供供應鏈夥伴透通的資訊。

2. 新服務發展精神：

⑴視新服務為競爭力之一部分，維持企業持續成長之一部分。

⑵因應產業特性，客戶之新需求不斷增加，企業需快速因應才能保有競爭優勢。

⑶發展新服務之中心目的在降低整體供應鏈之成本，提高效率及加值。

⑷隨著產業發展及競爭之激烈，供應鏈夥伴共崇共榮之觀念已漸普及，有助新服務之發展。

㈡新服務發展模式

1. 新服務發展流程及各階段主要參與人員如表 9-5。

⑴服務概念之醞釀起源自兩方面：

①業務部門平時接觸客戶、了解客戶隨時提出之需求，並將客戶提出之需求在客戶間進行非正式調查，了解新需求之普遍性及需求強度。

②行銷部門收集國外新服務模式及應用技術等相關資料，分析國內市場，提出新服務構想由業務部門了解客戶接受度。

表 9-5　中菲行新服務發展流程與團隊

服務發展流程＼參與人員	客戶	行銷	業務	資訊	第一線員工
策略規劃		●	●	●	
調查／分析顧客需求	●	●	●		
服務概念形成	●	●			
服務概念篩選		●	●	●	
營運分析		●	●	●	●
服務設計		●		●	●
服務試用	●	●		●	●
服務調整	●			●	●

③一方面收集客戶自發性需求，另方面引進國外新服務概念，創造客戶需求，雙管齊下，提供客戶最佳服務方案與附加價值。

⑵行銷部門、業務及資訊部門主導新服務之發展，其中行銷部門掌握新進服務資訊、業務部門了解客戶需求，而資訊部門則需因應服務模式提供最佳之資訊支援。

⑶新服務發展過程中，顧客（客戶）參加的階段主要在於：前段之調查／分析顧客（客戶）需求與服務概念形成階段，以及後段之服務試用、服務調整等階段。

⑷第一線人員指業務員、作業員及打提單人員，參與服務發展主要在後段流程。

⑸營運分析階段第一線人員之參與主要在於確認現場人力及設備配置可否支援。並協助進行成本分析。

2. 新服務發展模式如圖 9-5。

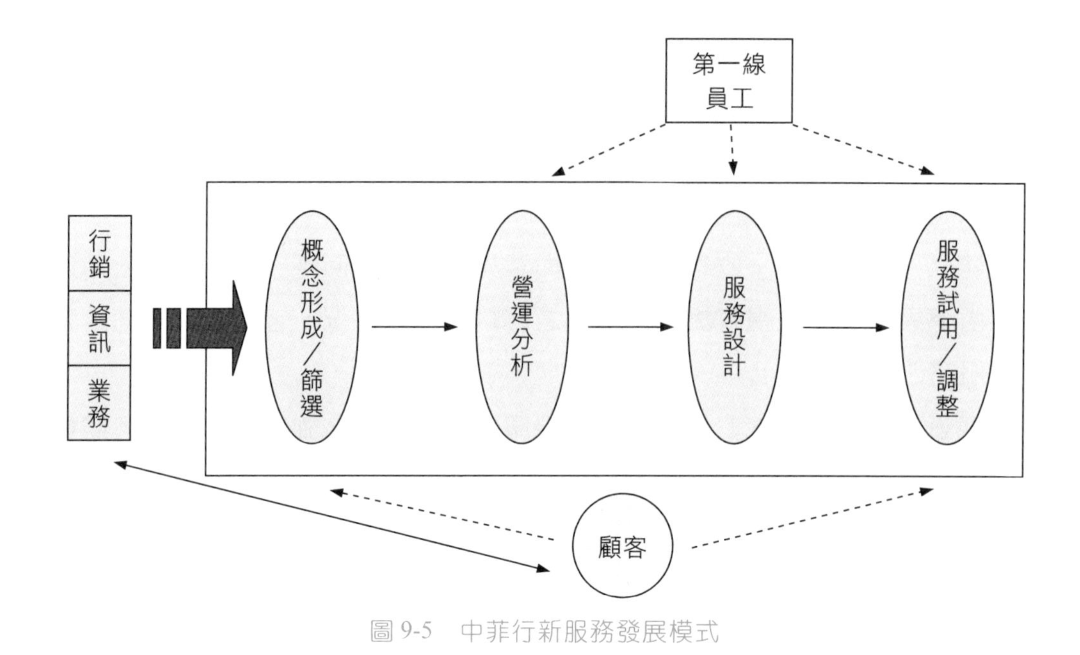

圖 9-5　中菲行新服務發展模式

三、顧客平台

㈠顧客（客戶）參與

服務發展過程顧客（客戶）參與階段：提供需求、概念形成、服務試用及服務調整階段

顧客參與方式：

1. 與重要客戶就新服務發展概念及新服務模式進行面對面溝通。
2. 了解哪些服務可滿足顧客需求、加強哪些功能可提高附加價值。

㈡互動介面

1. 提供顧客（客戶）互動介面及重要性分別為：網站、電話、傳真。
2. 建置與顧客（客戶）互動介面時考量因素之重要順位：

⑴效率性⑵回復快速性⑶便利性⑷專屬性⑸多元性。

㈢顧客價值

1. 建置客戶資料庫，依收入分析客戶等級，運用簡單顧客關係管理（CRM）系統分析客戶需求。
2. 建立「客訴系統」收集客戶抱怨與意見，有專人回應客訴系統，公司每月由總經理帶領檢視客訴系統收集之資料與回應狀況。客訴意見儘速落實於服務改善。
3. 競爭者分析：建立主要對手之資料庫，分析對手之強點，俾有利於競標時掌握優劣勢，爭取商機。

四、創新平台

㈠創新文化

1. 企業文化主要展現在三方面：

⑴專業：透過專業之服務提供客戶獨特之價值。

⑵彈性：企業組織保持相當彈性，隨時因應客戶新需求進行相關調整。

⑶團隊合作：重視團隊合作發展新服務。

2. 高階主管極支持企業發展新服務，業務決策之授權依分工及業務授權需要，授權彈性大。

㈡創新流程

1. 經常檢視新服務發展流程是否滿足顧客（客戶）需求。
2. 新服務發展與流程創新不盡然有絕對關係，流程創新不一定是創新。

㈢創新技術

1. 尚未導入新進之技術於挖掘顧客（客戶）需求以及篩選創新點子。
2. 進行同業標竿學習，分析對手之強點：如價格為何較具優勢？如何拓展市場？企業併購之利益等。

㈣創新評估

在新服務績效之評估方面，主要針對客戶對新服務之滿意度進行追蹤，以確認新服務模式是否能滿足客戶並提供加值。

【個案三】M電信——行動商務加值服務

公司名稱：M電信股份有限公司

一、企業基本資料

尊重公司資訊披露權，本項資料不予公開。

二、新服務發展模式

㈠新服務發展團隊

1. 企業內有正式組織之服務發展團隊，屬企業內一級單位，副總經理層級。
2. 服務發展團隊由行銷、業務、技術及財務部門之代表組成。
3. 新服務發展精神：持續創新以創造顧客價值。

新服務發展構面之重要順位：

⑴創新文化⑵顧客價值⑶創新技術⑷創新流程⑸創新評估⑹互動介面⑺顧客參與。

㈡新服務發展模式

1. 新服務發展流程及各階段主要參與人員如表9-6。

表 9-6　M 電信新服務發展流程與團隊

服務發展流程＼參與人員	顧客	行銷	業務	技術	財務	第一線人員
策略規劃		●	●	●	●	
↓ 調查／分析顧客需求	●	●	●			
↓ 服務概念形成／篩選	●	●	●	●	●	
↓ 營運分析		●		●	●	
↓ 服務設計	●	●		●		
↓ 服務試用／調整	●		●	●		●

⑴服務概念之醞釀起源自兩方面：

①業務部門於平時業務執行中發現顧客需求。

②新服務發展團隊致力於發掘新產品及服務

⑵新服務概念成型後，由新服務發展團隊共同進行營運分析，確定新服務發展可行性後，邀請顧客一起進行服務設計、服務試用及服務調整，直到推出新服務。

⑶新服務發展團隊主導整個發展流程，顧客參加的階段主要在於：前段之服務概念形成／篩選、服務設計階段，以及後段之服務試用／調整階段。

⑷與顧客直接接觸之第一線人員參與服務試用及調整階段，以測試對服務之滿意度，體會顧客接受服務之滿意度。

2. 新服務發展流程與模式如圖 9-6。

三、顧客平台

㈠顧客參與

服務發展過程顧客參與階段：概念形成／篩選、服務設計、服務試用／調整階段。

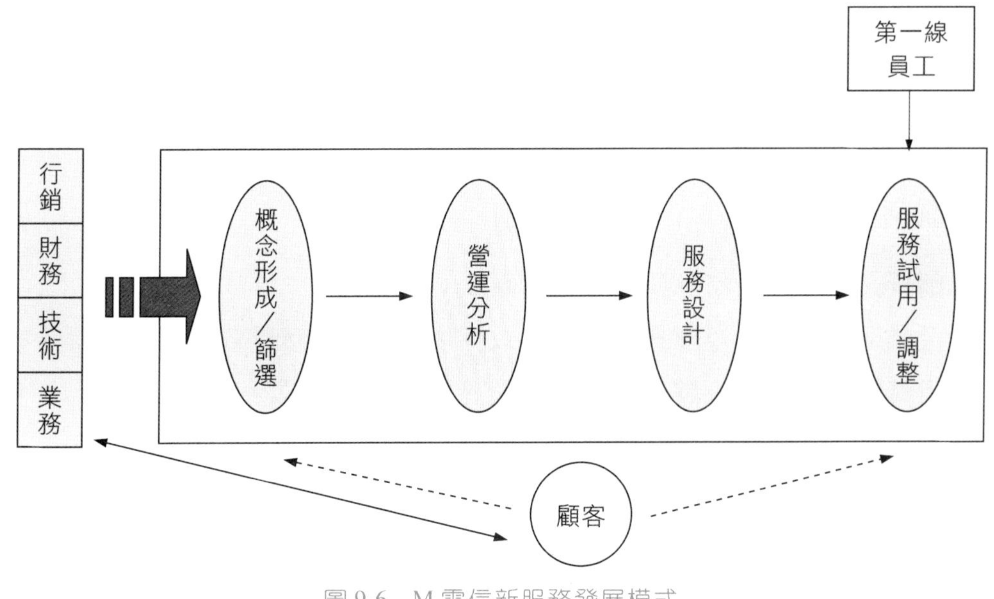

圖 9-6　M 電信新服務發展模式

㈡互動介面

1. 提供顧客互動主要介面為網站。
2. 建置與顧客互動介面時考量因素之重要順位：

⑴便利性⑵效率性⑶回復快速性⑷多元性⑸專屬性。

㈢顧客價值

1. 建置顧客資料收集機制，分析顧客需求與價值。
2. 建立顧客意見回應系統，有專人回應顧客意見與收集顧客需求，參考顧客意見進行服務改善。
3. 顧客滿意度調查：由行銷部門主導，調查頻率相當高。
4. 顧客忠誠度調查：定期進行忠誠度調查。
5. 重視競爭者之分析，分析競爭者之優劣勢，建立資料庫。

四、創新平台

(一)創新文化

1. 創新文化為新服務發展最關鍵構面。
2. 企業營運組織屬矩陣式組織，績效評估週期短，因應新服務發展需要進行組織調整，組織調整頻率高且快速，層級觀不明顯，授權程度高，e 化程度高（公文 e 化、流程 e 化）。
3. 企業文化促使員工自動追求創新，企業未建置鼓勵及獎勵創新之機制。
4. 重視員工內外部學習，建立學習指標，有制度化學習計畫。在外部學習方面，主要透過參加同業俱樂部收集新進訊息。

(二)創新流程

1. 檢討現有服務流程，依據顧客需求進行流程改善。
2. 新服務之發展以顧客需求導向，以創新流程提供價值服務。

(三)創新技術

1. 運用資料挖掘（data mining）技術挖掘顧客需求與價值。
2. 異業結合，創造顧客價值：與異業合作頻率高，積極創造服務加值。
   合作過之產業：壽險業、百貨業、通訊業、遊戲軟體業等。
3. 持續不間斷創新，近來每年均有多件國內或全球首創之創新服務組合推出。

(四)創新評估

偏傳統財務構面，以新服務之本益比作為評估指標。

【個案四】松下資訊——行動商務加值服務

公司名稱：松下資訊科技股份有限公司

一、企業基本資料

創立時間：1983 年

營 業 額：新台幣 50 億

員工人數：130 人

主要產品服務：通訊、OA、AV 系統性產品銷售及維修

經營型態：□B2B ■B2C □C2C

企業簡述：

松下資訊為日本松下投資成立之事業體，負責一般通訊、行動通訊、OA 網路商品、AV 系統性產品銷售及維修。自 1995 年成立以來，以「顧客第一」的經營服務理念為基礎，將行動資訊和通信設備，以及專業用 AV 系統設備等為中心商品做銷售販賣。秉持著對客戶誠摯的承諾，不斷加強對顧客服務體制的健全化，以積極提升公司業績並穩健成長。隨著二十一世紀數位化、網路時代的來臨，松下資訊公司更運用全球松下電器集團資源，以「全方位整合企業」理念，積極推動各項新事業的發展。以「新世紀、新思維、新挑戰」作為核心精神，並期能以團隊智慧落實行動，滿足顧客期待。

二、新服務發展模式

(一)新服務發展團隊

1. 企業內並無特定服務發展團隊，由行動通訊服務部門負責新服務點子之提案與發展，由於採日式管理風格之自主責任制，行動通訊服務屬新興服務，創新需求高，部門成員皆積極收集國內外最新產品與服務相關資訊，自動

自發想創新點子。故整個部門即可視為一個新服務發展團隊。

2. 經營理念：

⑴「企業文化」是企業能否提供價值服務之最關鍵因素，也是企業創新的驅動力。

⑵企業能否不斷創新，關鍵在於企業的管理風格能否激勵員工自動自發學習與創新，只有自發性的創新與學習精神才可有效的驅動企業創新，提供顧客價值。

3. 參與服務發展之主要團隊為行銷、業務、技術及財務部門。

4. 新服務發展精神：

⑴塑造主動創新之企業文化，以積極、自發性學習之服務團隊，發展創新服務，創造顧客價值。

⑵異業聯盟合作，創造服務加值。

⑶新服務發展構面之重要順位：

①創新文化②顧客價值③創新技術④創新流程⑤創新評估⑥互動介面⑦顧客參與。

㈡新服務發展模式

1. 新服務發展流程及各階段主要參與人員如表 9-7。

⑴服務概念之醞釀起源自兩方面：

①業務部門（經銷商）於平時業務執行中發現顧客需求。

②由總經理主導之企業內服務發展團隊（虛擬組織）經常性開創新服務概念。

⑵新服務概念成型後，由總經理、行銷、技術及財務部門主管共同進行營運分析，確定新服務主要內容及流程後邀請客戶參與服務測試及服務調整，直到推出新服務。

⑶企業內服務發展團隊主導整個發展流程，顧客參加的階段主要在於：前段之服務概念形成／篩選階段，以及後段之服務試用／調整階段。

2. 新服務發展模式如圖 9-7。

表 9-7 松下資訊新服務發展流程與團隊

服務發展流程＼參與人員	顧客	總經理	行銷	業務（經銷商）	技術	財務
策略規劃		●	●	●	●	●
調查／分析顧客需求	●	●	●	●		
服務概念形成／篩選	●	●	●	●	●	●
營運分析		●	●	●	●	●
服務設計		●	●		●	
服務試用／調整	●			●	●	

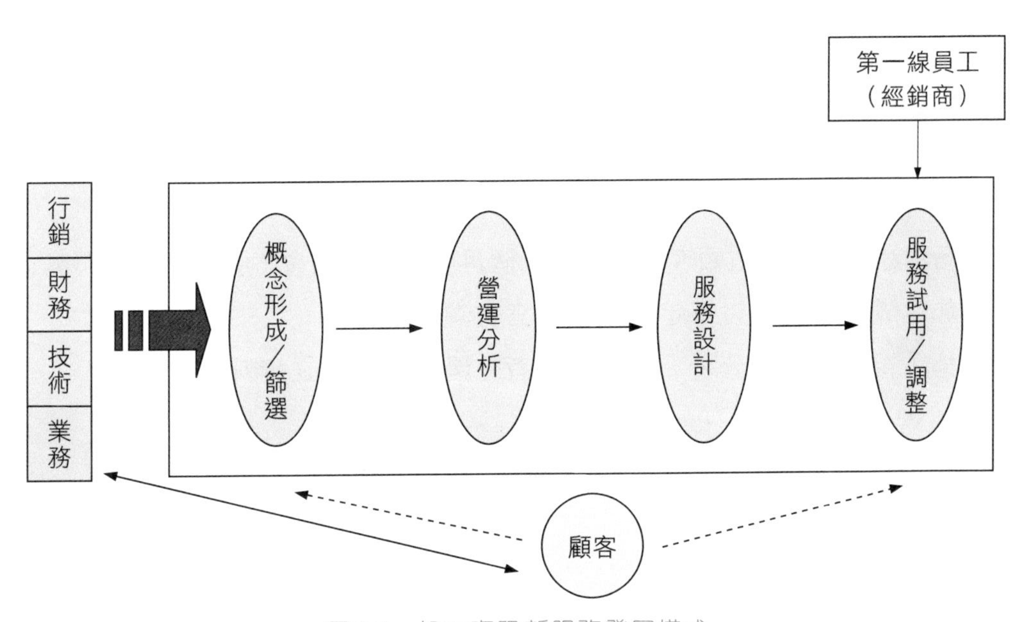

圖 9-7 松下資訊新服務發展模式

三、顧客平台

㈠顧客（客戶）參與

服務發展過程顧客（客戶）參與階段：提供需求、服務試用／調整階段。

㈡互動介面

1. 提供顧客（客戶）互動主要介面為網站。
2. 建置與顧客（客戶）互動介面時考量因素之重要順位：

⑴便利性⑵效率性⑶回復快速性⑷多元性⑸專屬性。

㈢顧客價值

1. 客戶需求及價值主要藉由現場人員隨時了解客戶需求，以及行銷部門與相關部門主管等對產業脈動之掌握，並未建置有系統之客戶需求及價值分析資料庫。
2. 藉由經銷商處獲取顧客意見，每二個月與經銷商開會了解顧客意見與需求。
3. 顧客滿意度調查：每年進行二至三次調查。
4. 極重視競爭者之分析，分析競爭者之優劣勢，建立資料庫。

四、創新平台

㈠創新文化

1. 管理風格屬自主責任制，組織調整頻率每年二次、層級觀較明顯（日式風格），但新服務部門較不明顯、授權程度高、e化程度普通。
2. 高階主管全力支持新服務之發展，總經理本身即為創意重要來源。
3. 重視員工創意之激發，方式：參觀日本展覽、與日本總公司保持密切互動以接收新知、參觀精品店（感受飾品流行訊息及包裝設計）、至西門町觀察感受年輕流行訊息等。

4. 員工創意之發展係屬自主責任制，未建立獎勵機制，對新服務創新有貢獻者亦未提供獎勵。

5. 重視藉由組織學習強化創新概念之發展，晉用人員時特重應徵者之學習慾，晉用人員傾向年輕化，組織學習透過內部及外部管道掌握最新市場訊息。
   內部管道：員工上網收集國外最新產品及服務資訊。
   外部管道：派遣員工赴日本參加展覽，以及藉由與日本總公司之密切互動，收集最新資訊。

㈡創新流程

新服務之發展較重視商品組合之創新，對於服務流程較無著力。

㈢創新技術

1. 異業結合，創造顧客價值：與異業結合積極創造服務加值。

⑴與廣告公司（手機飾品包裝設計）、中華電信及台灣大哥大（門號）合作。

⑵與 TVBS 合作。

2. 重視同業標竿之學習。

3. 藉由附屬產品不斷創新來創造顧客價值，並且可防止主力產品被複製後造成價格競爭，使產品價值降低。

4. 未來將重視顧客關係管理系統之運用，俾建立系統化顧客資料收集與顧客需求分析系統。

㈣創新評估

偏傳統財務構面。

問題討論

1. 本書所主張之「價值服務」何謂？
2. 本書所主張之「價值服務」包括顧客平台及創新平台兩大平台，共含括哪七項構面？試分述其意涵。
3. 試以圖示價值服務發展模式並簡述之。
4. 試舉國內服務產業標竿案例說明其價值服務發展模式。

3

服務之展望

第十章 服務之展望

本章概要

第一節 從傳統服務到新服務
第二節 新服務管理模式
一、盤點策略
二、重整組織
三、排定順位
第三節 服務之展望
一、建立價值優勢
二、加強顧客參與
三、強化企業資訊基礎建設與整合平台
四、建構服務價值評量指標
第四節 新服務績效評量
一、財務構面
二、顧客構面
三、內部構面

第一節 從傳統服務到新服務

從傳統服務到新服務，服務的核心與成功關鍵要素衍生極大變化。服務的應用範疇從傳統服務領域向多元領域擴展時，服務的競爭亦必從傳統的行銷構面向更多面向的領域拓展延伸。

從傳統服務邁向創新服務，思維取向進行相當程度之扭轉，傳統服務專注於已開發之市場，定義當前之事業標的；創新服務不斷挖掘、搜尋新市場機會，創造新競爭空間。傳統服務的營運目標在於發展事業組合；創新服務的營運目標則在於發展核心競爭力。傳統服務被動的追隨顧客腳步；創新服務則主動式誘導顧客。

表 10-1 傳統服務與創新服務思維取向之比較

項　目	傳統服務	創新服務
聚焦	已開發市場	搜尋新市場機會
營運目標	發展事業組合	發展核心競爭力
行銷策略	追隨顧客之腳步	誘導顧客

服務的創新與時俱進，服務的挑戰與競爭與日俱增。欲在新服務經濟中永續經營且勝出，必須投入加倍於以往的心力與智慧。持續發展創新服務已經成為企業追求競爭力的必要課題，傳統追求成本及效率優勢的經營策略僅為營運基本條件，追求價值服務的優勢才是搶灘市場、掌握獲利的決戰點！新服務的挑戰來自四面八方，追根究底仍跳脫不了傳統行銷的核心「掌握顧客的心」，面對新世代「多變」且「多樣化」的顧客心，企業需加倍專注於顧客價值的挖掘，「創新要可以深刻的去前瞻了解顧客需求、創造顧客需求」，從「顧客」及「創新」兩大構面積極發展以獨特企業文化為基礎的服務傳送，以「價值服務」擄獲顧客的心！

價值服務與傳統服務之區別在於：傳統服務追求顧客滿足，認為顧客滿足即可創造企業獲利，獲利因素在於「顧客滿意度」，服務指標著重在「結果」指標；價值服務強調企業獲利必須超越顧客滿足層次，進一步藉由顧客價值創造機制創造並傳送物超所值的顧客價值，服務指標兼顧「過程」指標與「結果」指標，獲利因素包括：「顧客滿意度」及「顧客忠誠度」。參考表 10-2 說明。

第二節　新服務管理模式

隨著新服務之興起，新服務管理哲學正逐漸盛行，強調企業需以一種更具創造性的方式來思考、組織及傳送服務。新服務管理哲學強調：⑴高階管理人員需要更多的參與；⑵處在每天動輒數千或數萬個「關鍵時刻」的服務環境中，必須讓第一線員工體認到服務品質的重要性，對服務員工給予更高的授權；⑶建立學

表 10-2　傳統服務與價值服務

	傳統服務	價值服務
研究取向	以顧客滿意為目標，探討企業如何藉由服務設計與服務改善來強化服務品質，提高顧客滿意度	以創造顧客價值為目標，探討企業如何藉由顧客平台及創新平台發展新服務，傳送顧客價值
發展主軸	服務設計 服務改善	建置顧客平台及創新平台 創造顧客價值
核心優勢	以服務品質創造顧客滿意	・以顧客平台掌握顧客需求，建立顧客價值創造之基礎 ・以創新平台創造顧客價值，防範服務複製
獲利因素	顧客滿意度	顧客忠誠度（再購意願、推薦意願）、顧客滿意度

習型組織的企業文化，不斷創造顧客價值，滿足顧客。

為了創新以因應新世代的挑戰，企業必須在組織面進行革新，革新範圍可能涉及產品面或服務面相關之組織再造，即便變革之風險極高，卻是企業追永續經營不得不邁出之一大步。研究結果，創新成功之企業通常有一套完善之策略思考，突顯本身特色，從競爭市場中脫穎而出。

綜觀企業創新類型可歸納成功模式如下：

1. 需有一套主導、成功的商業模式。
2. 當原先之商業模式無法應付時，必須在創新、效率、顧客關係之間求取平衡，隨時勢應變。
3. 依價值主張之改變調整營運。

一、盤點策略：守住已奏效模式

面對企業創新變革，企業主需遵循之首要原則是守住現有之成功模式。冒險的改變價值主張所可能招致之風險與代價，將遠高於爭取到新客戶。因之若原先營運模式仍然管用則千萬不要揚棄。

1990年代諾基亞以其創意手機行銷歐亞市場時即採取此種策略。1992年諾基亞制訂商業模式，「以電信為事業定位、全球為視野，提升附加價值，創造佳績。」諾基亞不僅擴展新市場、持續增加產品線，吸引不同客層顧客，更誘導新顧客隨著推陳出新之產品不斷更換手機。諾基亞堪稱處於創新前端，致力於縮短產品生命週期，在舊手機利潤下降之前，提前開發出新替代機種。諾基亞緊守住這個成功的營運模式，至1998年每十支手機中有三支是諾基亞產品。

二、重整組織：平衡組織和市場

當企業面對挑戰必須變革之時，必須在革新、效率、顧客關係之間取得平衡。通常「革新」需要較鬆散的組織以包容創新概念與資源彈性；「效率」則有賴企業系統內之通力合作與折衝，剔除組織中不具價值與效率之構面；「顧客關係」強調傾聽顧客需求、建立顧客網絡。

通常企業進行創新變革之前，組織必須先放鬆限制，塑造創新氛圍；待順利進展至下階段時組織再行收緊、改善獲利；最後則需貼近顧客、推出符合顧客需要的創新組合。

以諾基亞為例，1990年初配置充足資源進行創新，引進行動電話技術。然而由於運籌、品管及預算控制不當，成本迅速竄升，改革重點迅即由創新轉向追求效率。效率方面之改革奠定了1990年代後期之成長基礎。1990年代後期企業革新重點則漸轉移至顧客關係，以及差異化之創新領域。

三、排定順位：依價值主張而定

企業變革時需特別提醒，隨著價值主張之改變，創新、效率及顧客關係等構面之重要順位也需調整。諾基亞在 1990 年代按部就班進行改革，打入手機市場。首先改善程序效率、降低成本；接著以差異化之創新吸引新零售顧客；最後整合創新發明，為企業客戶打造客製化解決方案。十年之後，諾基亞之品牌認同度居全球之冠，自 1995 年至 2000 年間市場價值增加 28 倍。相對的，易立信企圖以新商業模式搶攻市場，惟受限於其僵硬之組織結構，2001 年宣布有史以來最大之虧損，公司市值從網路狂飆時之 1,310 億美元，跌至 2002 年底的 110 億美元，手機市占率從 20%跌至不到 5%。

沒有一勞永逸之變革，企業之變革邏輯需隨時因應外在環境之改變而調整，外在環境之變數包括：新科技之發明、新產品區隔，以及重大事件發生等，隨環境變遷企業創新變革之成功關鍵因素亦不同。2000 至 2002 年電信產業美夢泡沫化，諾基亞之市值跌了三分之二，追究其失敗因素在於：內部組織重組之策略對於開發先鋒技術並無助益，甚至對於新產品之研發還有負面影響。2002 年易立信與諾基亞不只彼此競爭，還面臨三星集團（SAMSUNG）與奎爾通訊（QUALCOMM）等強勁對手，與其競逐下一代通訊軟體平台。當諾基亞積極進行組織重組，忽略既有市場時，競爭者早以折疊式手機與彩色螢幕攻占市場。

第三節　服務之展望

展望未來，企業發展創新服務應以價值創造為核心，由內而外徹底打造整體新服務風格與服務傳送系統，並且應隨時與顧客保持鏈結與互動，精確掌握市場需求與變動，最後還要定期有系統的追蹤檢視新服務成效，建立評量指標。

一、建立價值優勢

新服務易為競爭對手學習複製，企業營運及服務發展應樹立獨特風格，建立具優勢之特有價值。

㈠深耕企業文化，全面型塑員工優質服務精神及創新素養

企業文化對新服務之成敗具有關鍵性影響，企業內上自高階主管、下至與顧客及客戶接觸最頻繁之第一線員工，均需具備創新素養與優質服務之精神，透過企業組織之運作，將上述精神灌注於企業所有營運環節之中，內化成為員工特質與企業形象。美國 *Magnus So Derlund* 雜誌曾於〈顧客滿意——口碑相關曲線〉一文中指出：當企業之顧客服務處於一般水準時，顧客之反應不大；一旦服務品質提高或降低至一定限度時，顧客的讚譽或抱怨將成指數倍增。因之，企業必須始終如「逆水行舟」般將顧客滿意視為服務核心，建立顧客至上之中心理念，開發潛在顧客，將滿意的顧客轉化為忠誠顧客。

㈡建立新服務發展團隊，構築對手模仿障礙

服務易於複製，新服務之發展自概念醞釀形成、服務設計至推出服務之各階段，均應透過團隊合作方式，集結行銷、業務及技術等相關部門成員共同發展推出新服務，集結團隊成員智慧結晶推出之服務蘊藏企業文化與團隊特質，競爭對手不易複製模仿，可建立競爭優勢。服務團隊係集結團隊成員整體智慧來解決問題、共同發掘創新性解決方法與改進流程。團隊合作可以支撐起服務願望、加強服務之能力；前線服務人員必須幫助顧客，組織中其他人必須幫助前線人員。在高績效之服務團隊中，成員間相互依賴、貢獻獨特，透過溝通及激勵支持團隊成員。

㈢持續不斷追求服務精緻化與服務創新

雖然藉由團隊合作可建構對手模仿障礙，但產業環境及消費市場瞬息萬變，任何優勢服務均不可能永遠滿足顧客及市場需求，欲維持持續競爭優勢，有賴持續不斷進行服務精緻化與創新。服務精緻化指的是在現有服務環節中進行加值，提供或競爭對手無法提供之價值。

二、加強顧客參與

相較於國外企業，國內企業發展新服務時在顧客參與方面尚有相當努力空

間，在研究個案中鮮少有建立制度化之顧客參與系統。國外文獻強調服務發展之各階段顧客皆有參與之必要性與實質貢獻，如服務設計階段顧客可協助發掘服務流程之弱點，提供改進建議，提高新服務成功率。國內企業應可進一步參考國外新服務標竿個案之顧客參與實例，參考學習其運作模式，配合在地文化予以調整，延伸顧客參與之範圍與深度，以顧客參與強化服務價值。

三、強化企業資訊基礎建設與整合平台

企業資訊系統之建置在企業發展新服務過程扮演重要角色，藉由資訊系統收集與挖掘顧客需求、提供快速回應之服務。為因應顧客多變且多樣化需求，需建置功能性強、整合企業內及企業外合作夥伴之綿密資訊系統，俾在完備之平台上，進行高效率的新服務發展。目前已有愈來愈多企業積極運用網路平台進行顧客溝通、意見收集以及顧客服務，若能進一步將此平台與企業內部相關系統（如：行銷、業務、企劃、研發及財務等部門）及外部合作夥伴進行適當之鏈結，將可有效整合價值鏈各環節，強化價值創造之效能。

四、建構服務價值評量指標

國內企業極少針對新服務之成效建立衡量指標，目前大部分仍延用傳統財務指標，部分企業有針對顧客對新服務之滿意度進行概括性評估，但未建立細部具體指標。可考量建立「顧客構面」及「內部構面」之相關衡量指標，並將之落實於企業營運管理中，諒有助於強化新服務對企業之效能。

第四節　新服務績效評量

Kelly 和 Storey（*2000*）針對英國領導型服務企業進行調查，首度提出近 20 項之新服務績效衡量指標，區分為三個構面，包括財務構面（financial measures）、顧客構面（customer measures）及內部構面（internal measures）。研究指出，與提

供有形商品之企業相較，較積極之服務型企業明顯的漸著重在「顧客構面」與「內部構面」等較軟調、與顧客相關程度較高之衡量指標，嘗試估算顧客終身價值，將之納入新服務發展之評估中。

一、財務構面

統計資料顯示，傳統企業經營核心指標「財務構面」在企業發展新服務時仍獲最高重視，評估指標包括：獲利、銷售量、投資報酬率、市占率、成本及銷售成長等。

二、顧客構面

衡量新服務績效之財物構面指標內容及重要優先性與有形商品之衡量指標有頗多雷同之處，然而，服務型企業明顯的偏向採用「顧客構面」相關衡量指標作為新服務發展評量之依據。其指標依重要順位為：

1. 顧客滿意度：據此作為收集市場回應之機制，同時具備定性及定量之分析功能。
2. 新顧客數。
3. 市場回應。
4. 顧客保留率。
5. 競爭力。

三、內部構面

許多服務型企業大幅採用內部構面指標，這些指標可視為企業對新產品未來發展潛力之自我評估，以及對服務傳送效果與效率之檢視。此外，「第一線人員之回應」是相當重要之衡量指標，此項指標關係到第一線人員之參與度，由於他們極有可能掌握了目標市場的珍貴資訊，故而他們的意見成為重要參考資料。內部構面指標依重要程度排序為：

1. 未來潛力。
2. 效率。
3. 目標達成度。
4. 第一線員工之回應。
5. 發展流程。

圖 10-1 為財務、顧客及內部構面各項指標重要程度之統計表。

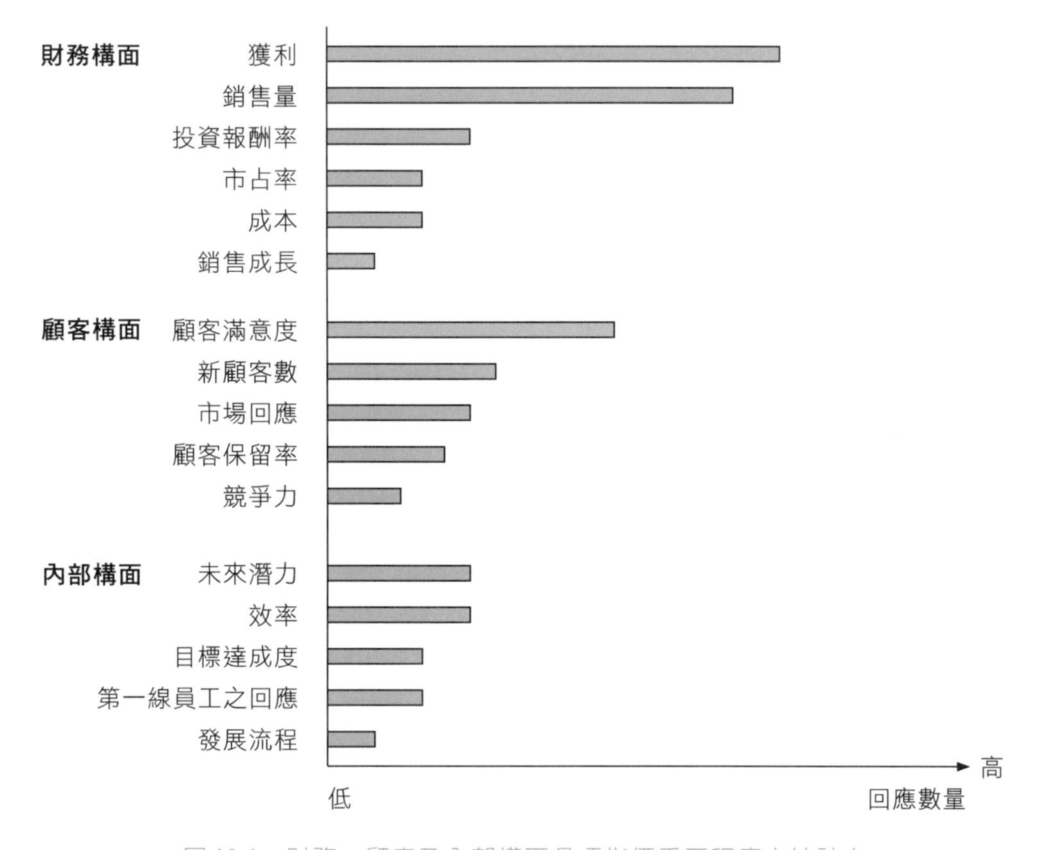

圖 10-1 財務、顧客及內部構面各項指標重要程度之統計表

問題討論

1. 試從研究取向、發展主軸、核心優勢及獲利因素等角度比較傳統服務與價值服務。
2. 簡述新服務管理模式。
3. 展望未來，服務之發展可以朝哪些方面努力？
4. 新服務之績效可以從財務構面、顧客構面及內部構面三個層面進行評量，試述在顧客構面方面包含哪些指標，並指出其重要順位。

第十一章 服務創新模式與成功個案

本章概要

第一節　服務創新模式
一、無障礙購物平台
二、通勤族購物服務
三、養生餐盒
第二節　國外成功案例
一、英國二維條碼型錄購物
二、法國歐尚——得來速 Drive Thou
第三節　國內成功案例
項好惠康 E-Shop

確定顧客需求及價值之後，產企業可以針對各種不同的消費需求，發展出數以百計的創新服務模式。本章將介紹幾項具商機之服務創新模式及成功個案，服務創新模式以消費力強的都會族群便利性與養生訴求為主。

第一節　服務創新模式

一、無障礙購物平台

消費意識抬頭，忙碌的工商社會中，顧客對消費便利性之需求日益殷切！通勤上班族群購物時間集中在下班及假日時段，如何提供其便利購物服務？銀髮族群具高消費力，惟受限於體力及行動力，如何設計符合其需求之購物服務？企業所提供之服務模式倘能滿足各種生活型態族群之便利性需求，則所提供的服務平台形同「無障礙」空間一般，提供消費者無障礙的購物平台。

有關於因應不同族群或生活型態消費者之服務提供概念早已受到學者重視，專家認為消費群體間之差異性代表著不同的決策及消費模式，因之，探討服務創新模式應先對消費者進行群組，群組的概念意味著高程度之共同性需求與消費模式，掌握群組需求即可設計服務創新模式，行有餘力，再針對群組內之個別需求進行更深層之分眾行銷。因此，「無障礙購物平台」之概念在於建構一個含括下單購物、取貨到付款之整體交易服務鏈，以便利導向為訴求，提供顧客一個能隨時買、隨地買、更有彈性付款方式、更貼心取貨服務的空間，以便利、無障礙的購物環境降低消費者購物時身心不適與不便。平台所串連之兩端，一端為服務需求之生活族群，企業可以從「生活型態」區隔消費群組，探討不同生活族群之服務需求與消費偏好；平台之另一端為提供同質性或同品類產品或服務之商家所提供之服務組合，此種組合屬虛擬性質，例如：餐飲業者、旅遊業者等集結為虛擬商場，共同建置整合性虛擬之服務平台。

綜言之，「無障礙購物平台」的精神在於：根據需求端及供給端兩方之現況及潛在利基與優勢，建構一個整合性交易及服務之虛擬平台，提供顧客便利性及多元組合之消費服務，滿足顧客個人化之訂貨、取貨及付款需求，從中創造顧客潛在需求，提升服務附加價值。圖 11-1 為生活族群之無障礙購物服務平台架構。

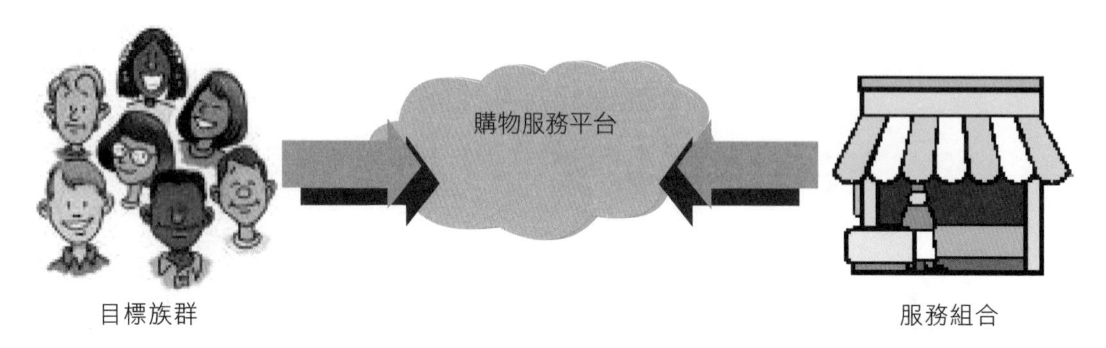

圖 11-1　生活族群無障礙購物服務平台架構

創新服務概念：

1. 服務平台連結服務之需求端與供應端，需求端為服務之目標族群，供應端為提供服務之商家所提供之服務組合。
2. 發展創新服務之前提必先確定服務提供予何種生活型態為主之消費族群，亦即需先找到目標族群，確定目標族群之後再進一步挖掘族群需求，進行服務設計，建構整合性服務平台。

3. 針對此服務平台架構務須特別著重在目標族群需求之挖掘，因若需求未能精確掌握，則所有後續服務流程及服務組合之規劃設計將有所偏差，導致服務之誤失，難以創造顧客價值。目前已有相當有利的工具協助企業挖掘顧客需求，諸如運用商品線上點閱率、資料探勘、會員關鍵字搜尋及因素分析等統計工具，協助企業找到顧客消費偏好，開發新服務組合。
4. 服務平台之成敗關鍵在於：⑴能否掌握目標族群之需求與偏好；⑵提供服務組合之商家能否整合其相關服務面向，建置顧客滿意之服務供應鏈。

二、通勤族購物服務

新世代之都會通勤族配帶通訊及電腦設備之比例相當高，而都會大眾運輸系統，如捷運站、火車站等設置資訊終端設備之情形亦已相當普遍，運用這些資通訊設備發展服務組合應具有潛在商機。這些創新模式之推行需進一步考量文化接受度及成本效益，本章節僅為服務創新之觀念性介紹，國內是否具備發展利基有待進一步評估。

㈠捷運通勤族

針對捷運族規劃之服務創新模式如圖 11-2。

1. 創新流程

⑴顧客在搭乘捷運過程中運用手機進行訂貨作業，或於進站時運用捷運車站設立之智慧型互動載具進行訂貨，指定捷運出口取貨。

⑵訂貨資料傳輸至商品供應商家，進行商家內部訂單接收及出貨作業，將訂購商品快速送至指定之捷運站出口。

⑶顧客到站取貨付款，交易完成。

2. 顧客價值

⑴符合捷運族群到站下車即可取貨之快速性及便利性訴求。

⑵取貨付款符合顧客安全性考量。

3. 配套措施

⑴捷運車站需有安裝互動載具，為配合乘客同時使用之需求，硬體投資龐大。

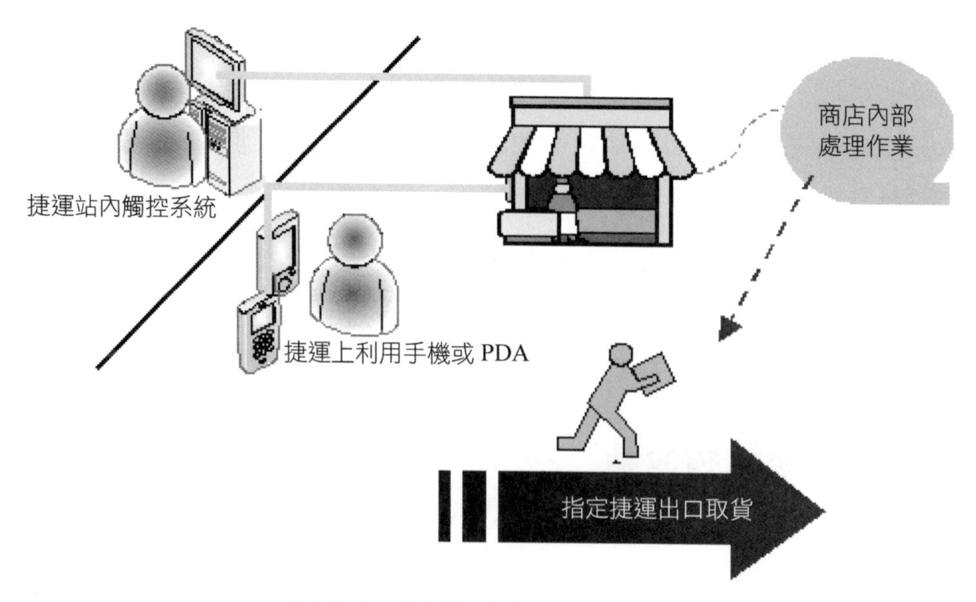

圖 11-2 捷運族購物服務創新模式

⑵訂貨資訊之豐富性攸關顧客使用意願，有待業者整合方能達成。

⑶需有效率化之配送支援方能快速送達。

⑷捷運車站需有建置取貨窗口及相關作業人力，需有整合平台。

⑸基於服務成本考量，需限定最低訂貨金額。

㈡公車通勤族

針對公車族規劃之服務創新模式如圖 11-3。

1. 創新流程

⑴顧客在搭乘公車過程中運用公車上智慧型載具之介面進行訂貨作業，並指定取貨地點（通常設定在下車附近之便利商店）。

⑵訂貨資料傳輸至商品供應商家，進行商家內部訂單接收及出貨作業，將訂購商品快速送至指定之取貨商店。

⑶顧客下車至指定商店取貨付款，交易完成。

2. 顧客價值

⑴符合公車族群到站下車即可取貨之快速性及便利性訴求。

⑵取貨付款符合顧客安全性考量。

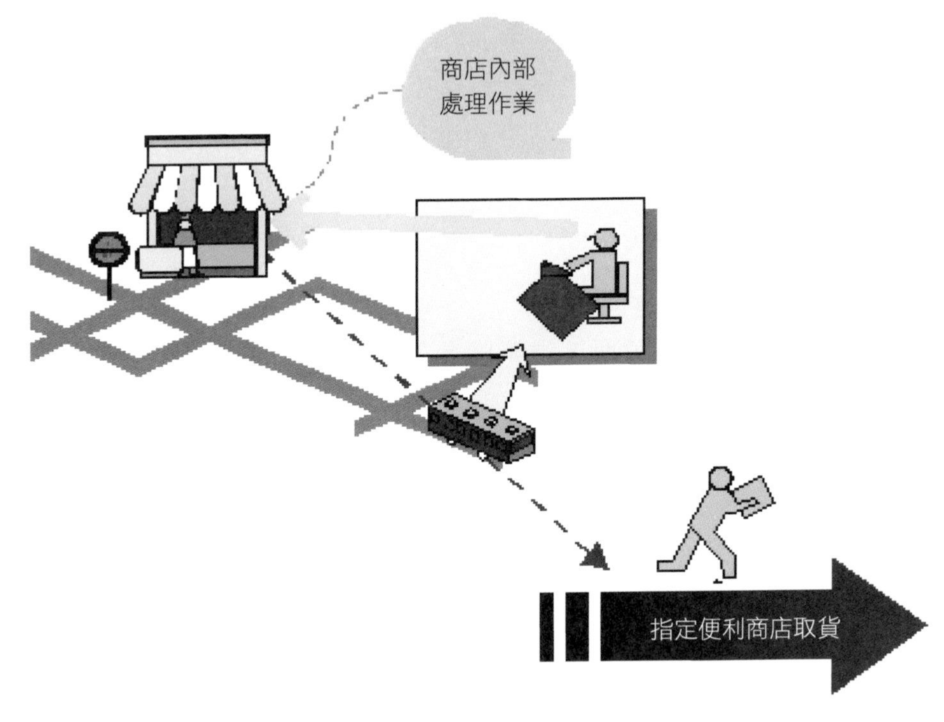

圖 11-3 公車族群購物服務創新模式

⑶到店取貨可順道採購相關民生品，滿足便利性需求。

3. **配套措施**

⑴智慧型公車需有安裝互動載具，為配合乘客同時使用之需求，硬體投資大。

⑵訂貨資訊之豐富性攸關顧客使用意願，有待業者整合方能達成。

⑶需有效率化之配送支援方能快速送達。

⑷服務成本考量，需限定最低訂貨金額。

三、養生餐盒

經濟之發展與生活水準之提升，近年養生及健康之概念逐漸成為消費者進行餐飲選擇之重要考量。這種情形對於中高所得之專業上班族群尤其顯著，這些高薪之專業經理人很難在公務之餘得以每天花心思打點上班時間之正餐（尤其是午餐），他們的年齡大部分處於中年，相當重視本身的健康狀況與飲食品質，希望兼顧美味與健康，更希望能配合本身的健康狀況提供適當餐點。這樣的需求提供餐飲服務業者相當值得挖掘之潛在商機。

「養生餐盒」服務創新模式之設計希望能提供這個需求區塊顧客價值。

㈠服務定位

1. 目標族群：專業經理人
2. 服務組合：養生餐盒
3. 服務內容：針對收入豐厚、中年以上之專業經理人提供適合個人營養需求之養生餐盒。

㈡服務發展模式

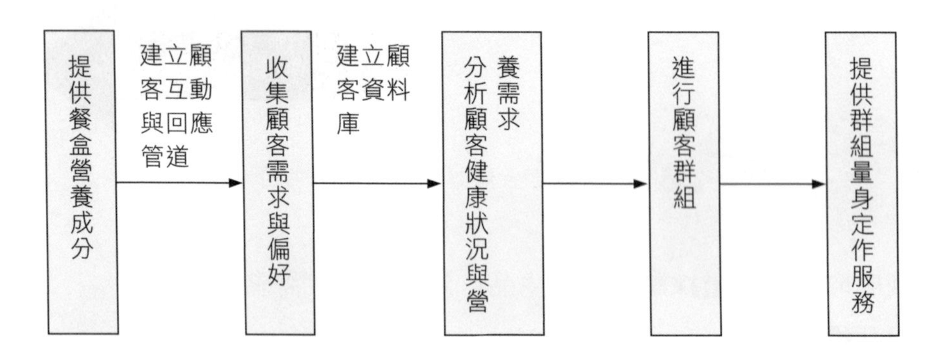

圖 11-4　養生餐盒創新服務發展流程

1. 初始推出數套養生餐點，提供各種養生餐盒之營養成分及適合之健康狀況，顧客依據本身狀況及營養需求選擇適用之餐盒。
2. 建立顧客意見及需求回應系統，收集分析顧客需求與偏好。試圖收集顧客健康及身體特殊狀況等資訊，建立顧客資料庫。考量以會員制深化與顧客互動。
3. 累積顧客消費資料，進行資料探勘，分析個別顧客健康狀況與營養需求。
4. 根據前項建立之顧客別健康與營養需求，提供顧客群組別餐盒，並可考量提供量身定作服務。針對顧客群組之服務如：針對肥胖族、中廣族、過瘦族、高血壓族、糖尿病族、過敏體質族等之需求提供養生健康餐盒。
5. 針對顧客群組提供量身訂作服務，創造顧客價值，建立顧客忠誠度。

㈢服務流程

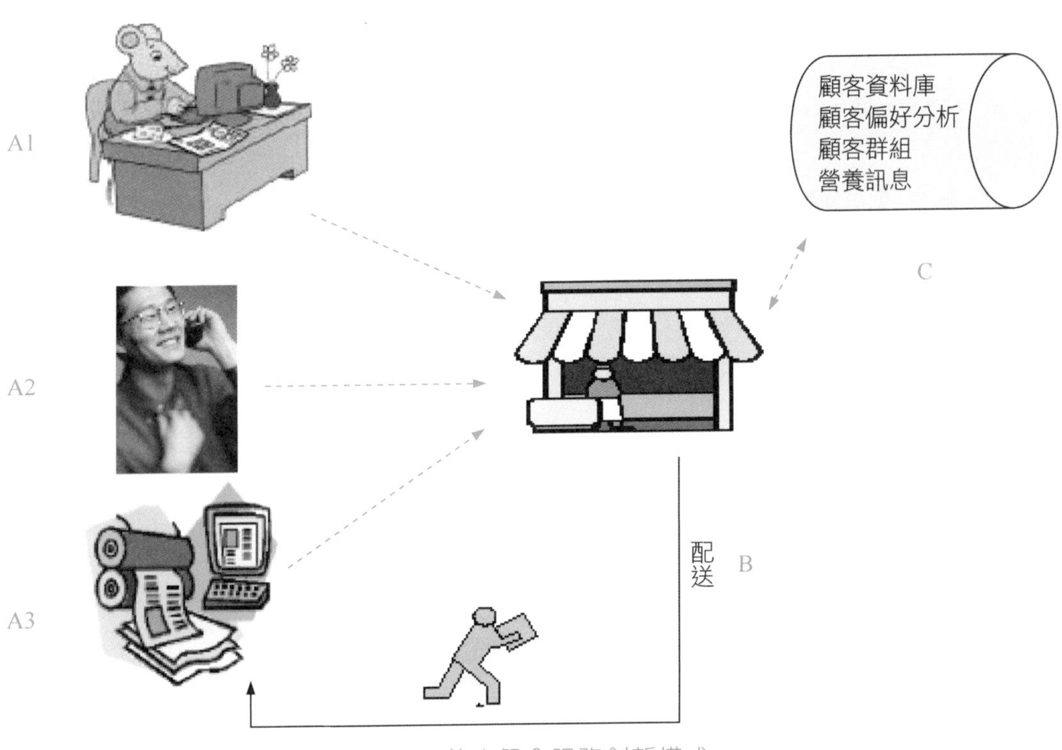

圖 11-5　養生餐盒服務創新模式

1. A：顧客透過三個介面訂貨並指定收貨地點，可直接從辦公室上網訂購、以手機上網或手機直接訂購或授權商家代訂購，訂購資料於當天約定時間之前傳輸至商家後，進行訂購處理。
2. B：訂購餐盒依顧客指定地點於特定時間送達顧客手中。
3. C：商家建置顧客資料庫，進行顧客偏好分析，依顧客健康狀況或訂購品類特徵進行顧客群組，主動提供客製化之營養資訊予顧客。

㈣顧客價值分析

本項服務創新模式預期可創造顧客價值：

1. 配合個人健康狀況提供之營養餐盒滿足族群之養生需求。
2. 依據個人健康狀況及營養需求提供量身定作餐盒，滿足族群個人化需求。

3. 提供自選或推薦方案，兼顧族群自主決策及工作忙碌之需求。

4. 固定時間配送至指定取貨點，滿足族群工作便利性需求。

5. 運用互動介面提供餐飲營養等重要資訊，滿足族群專業資訊的需求。

6. 主動提供客製化之營養資訊，間接督促族群養成定期健檢習慣，滿足族群關懷之需求。

㈤養生餐盒的藍海商機

2006 年競爭市場之發燒話題「藍海策略」呼籲企業應積極開發新市場，創造新需求，跨越傳統以競爭為中心之「紅海」，邁向以創新價值為中心之浩瀚「藍海」。藍海策略強調企業應擺脫傳統之競爭思維，以「創造顧客價值」為核心思維，檢視企業營運策略，去除無價值之面向，找到可創造新價值之面向，集中資源、全力拓展新市場，達到此境界即已自紅海躍升至藍海！

以下試從藍海策略之概念分析養生餐盒之藍海商機：

1. 行動方案

為創造新價值曲線，產企業面臨四項挑戰：

消除：產業內習以為常之因素，有哪些應予消除？

降低：哪些因素應降低到遠低於產業標準？

提升：哪些因素應提高到遠高於產業標準？

創造：哪些未提供之因素，應該被創造出來？

針對上述四項因素，養生餐盒應消除的為一般餐盒主訴求之「價格」因素；應減少的為「種類」及「色香味」因素；亦即，養生餐盒之定位應跳脫一般商業餐盒以低價、色香味及琳瑯滿目之選擇等訴求條件，提供「量身訂作」及「資訊提供」等要素超過產業水準，以創造「養生健康」及「健康關懷」之新價值。行動架構圖如圖 11-6。

消　除 價　格	提　升 量身訂作 資訊提供
養生健康 健康關懷 創　造	種　類 色香味 減　少

圖 11-6　養生餐盒行動方案

2. 價值策略曲線

依據行動架構，養生餐盒與一般餐盒、高級餐盒價值要素比較之價值策略曲線圖如圖 11-7。

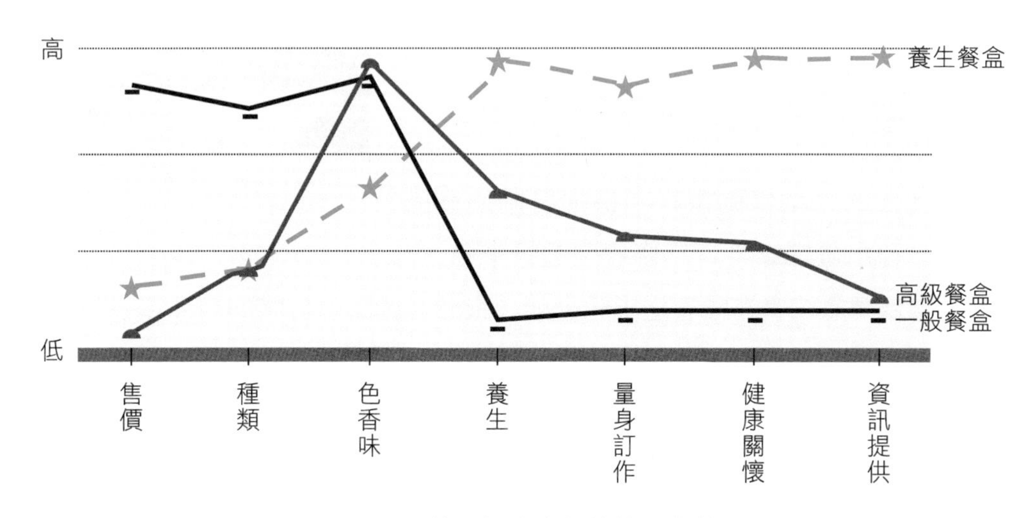

圖 11-7　養生餐盒之價值策略曲線

根據上圖，一般餐盒以價格、種類及色香味見長，訴求對象為一般大眾；高級餐盒以高級食材創造色香味，但商品內容未必全然符合營養及養生訴求；養生餐盒在傳統餐盒指標中，價格種類方面均非強項，但以養生為主要訴求，依顧客個別健康狀況及營養需求，提供客製化產品及營養專業資訊，創造服務加值且傳達健康關懷，創造更進一層之加值。從圖中明顯看出左邊區塊屬傳統競爭要素，一般餐盒及高級餐盒均於此區塊建立其競爭優勢，養生餐盒以養生訴求高之專業經理人為目標客群，以養生產品滿足族群之基本訴求，並藉由營養資訊等之提供創造加值，將餐盒的競爭版圖自左邊區塊之紅海脫離，向右邊區塊拓展藍海商機。

第二節　國外成功案例

一、英國二維條碼型錄購物

針對年長、行動不便、不常出門的居民，英國布里斯托鎮之超市提供二維條碼在家購物之服務，運用專屬二維條碼商品目錄及操作設備，使目標顧客輕鬆自在的在家購物，稱得上是無障礙購物服務。

服務模式：

1. 在特製的二維條碼型錄上掃描訂購的商品後，藉由電話線將資訊傳送到超級市場。
2. 二維條碼系統會在顧客送出訊息前，跟顧客確認所訂購的商品項目及數量。
3. 完成訂購之商品經由警察審核通過之司機宅配到府。

二、法國歐尚——得來速 Drive Thou

㈠歐尚公司簡介

1961 年，第一家歐尚商店在法國誕生，它在經營中首次將「自選、廉價、服務」三者融為一體，由此，歐尚成為世界超市經營先驅者之一。目前，位居世界著名大型超市經營者之一，歐尚年營業額 281 億歐元，在世界上 14 個國家擁有 241 個大型超市，員工超過 135,000 人，是目前法國主要的大型跨國商業集團之一，也是世界 500 強企業之一。

㈡得來速服務

自西元 2004 年 2 月開始，歐尚的得來速提供了約 4,000 種商品，包括一般商品，如肉類、生鮮蔬果及各類雜貨等等。除了商品多樣化外，在服務型態上也有多樣的選擇：

1. 模式一：線上訂貨、付款，實體取貨

消費者在家中上網選購所需商品，並且以信用卡付費，完成後即可取得一組訂單編號，倉儲人員在兩個小時內備貨完成，消費者僅需前往得來速車道，於Kiosk設備上輸入訂單編號，倉儲人員就會將貨送到消費者車上，整個取貨過程在5 分鐘內可完成。

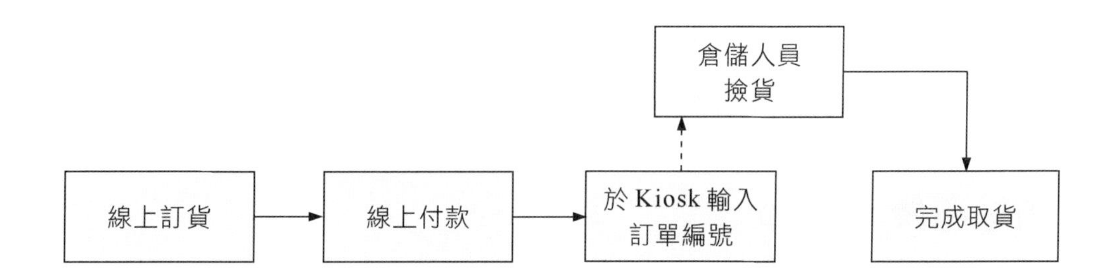

2. 模式二：線上訂貨，實體付款、取貨

消費者在家中上網選購所需商品，完成後先取得一組訂單編號，倉儲人員在兩個小時內備貨完成，消費者僅需前往得來速車道，於 Kiosk 上輸入訂單編號，支付商品款項，倉儲人員就會將貨送到消費者車上，整個取貨過程在 5 分鐘內可完成。

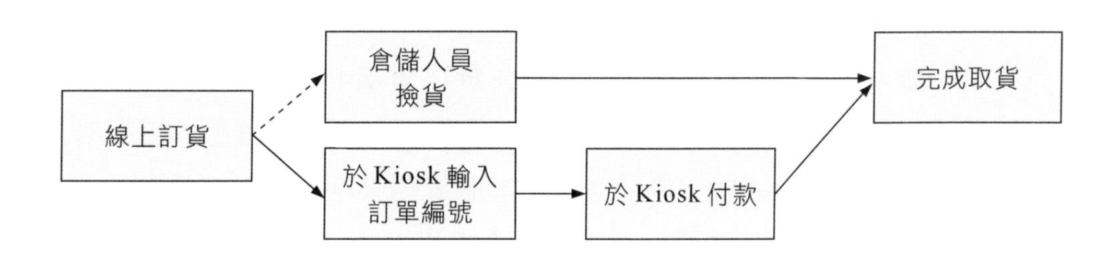

3.**模式三：實體選購、付款、取貨**

無法事先上網選購商品之消費者，也可以至得來速車道選購商品、付費，等候倉儲人員撿貨，再將商品送至消費者車上，整個過程約15分鐘。

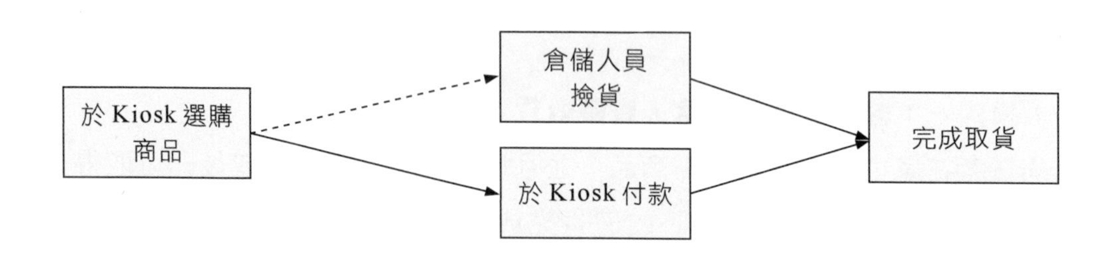

第三節　國內成功案例

頂好惠康E-Shop

㈠簡介

頂好惠康超市係由香港商牛奶集團在台投資經營之超市，1987年於台北成立第一家分店，目前已是台灣最大之連鎖超市，門市設立遍布全省，擁有166家分店，其中約70%集中北部地區。惠康於1993年成功導入超市POS系統，成為台灣超市零售業使用POS系統之開山始祖，為了強化超市主打生鮮品之市場定位，除了成立專門的生鮮處理中心之外，也在1996年引進「生鮮作業系統」，整合訂貨、生產及配送，將作業流程電腦化，提高生鮮作業效率。

e化對超市之發展具關鍵性影響，為因應網際網路之發展趨勢，惠康於2000年設立頂好Wellcome生活網站，提供消費者即時上網查詢各項促銷活動及優惠商品之訊息，並開始招募網路會員，定期提供頂好Wellcome會員e-DM服務，推出各項會員專屬特惠專案，提供消費者更多元化選擇。

㈡服務創新發展過程

1. 成立 E-shop 購物網站

歷經一段時間經營與推廣，頂好 Wellcome 生活網站累積相當多會員數，證明消費者在實體門市之外，也對其網站有相當程度認知，加上全省實體通路之發展趨於成熟，惠康遂於 2003 年順水推舟正式成立 E-shop 購物網站，定位為實體通路之附屬虛擬商店，將網路空間視為實體門市之「延伸貨架」。網站成立之初將販售商品定位在實體門市礙於空間無法販售之商品，主力商品如：3C 產品、女性時尚精品，以及有別於門市平價品牌的進口高價食品等。

2. 了解顧客需求，建立主力商品

頂好 E-shop 透過不斷對消費者線上問卷調查，以及蒐集顧客主動的意見反應，逐漸找到網路會員喜愛之熱門商品，並根據調查結果逐步修正線上主力商品，以更精確抓住線上顧客之口味，更精確篩選商品。此外，頂好 E-shop 購物網站也隨時觀察市場趨勢，依消費者需求或喜好開闢熱門產品專區，或是在特定時節推出應景商品促銷活動，如中秋節推出進口月餅禮盒等，開啟與既有通路不同之銷售管道。

3. 虛擬與實體整合，建立服務優勢

儘管在產品定位與屬性上有不同訴求，但在服務流程方面，虛擬與實體通路的資源卻可共享、相輔相成，創造出 E-shop 獨特之優勢。例如：

⑴網路購物之推廣可藉由實體門市之宣傳力量強化。

⑵實體通路提供網路購物付款以及取貨之便利性。

㈢服務創新發展現況

E-shop 會員都市化程度很高，歷經兩年多之經營，目前 E-shop 已累積近 15 萬人次的會員數，有實際消費之人數約 12 萬人，再購率達七成五以上。經分析後端會員資料庫得知，女性會員占七到八成，大部分年齡介於 25 至 30 歲左右之年輕上班族群，因此 E-shop 自然發展成為主打女性消費市場之購物網站。

㈣服務創新成功要素

1. 與實體通路差異化

E-shop 成立之初即設定為頂好超市貨架之延伸，E-shop 讓惠康能提供更多種類及品牌之商品給顧客。由於提供國產沙拉油的供應商也能提供義大利進口頂級橄欖油，並不會增加管理成本，眾多供應商樂見 E-shop 之誕生。

2. 藉由顧客資料分析找到主力商品

E-shop透過顧客資料分析發現主力顧客以「粉領族」為主，普遍為25至30歲之上班族，多數居住於大台北地區。因此E-shop特別以精緻、時尚商品為主要訴求。如此，網路商店不僅是實體通路之延伸，更與實體通路差異化，創造多重通路之優勢。

3. 運用品牌信任優勢，擴展商品線

消費者對網路購物之信賴度關係著E-shop之成敗。再購率達75%反映了消費者對 E-shop 之忠誠度與信任度，E-shop 延伸了實體通路已建立之顧客信任度，憑藉這份信賴度很順利的擴展了實體通路以外之商品線。如消費者認為頂好以生鮮超市起家，對於食品之料理與要求具專業，因此E-shop食品類之產品深受顧客青睞。諸如：有機食品館之有機蔬菜、美食館的進口海鮮、江浙名菜組合套餐等均熱賣。頂好的品牌形象為E-shop販賣之生鮮、熟食商品強烈背書，降低消費者網路購物之不信任感，因此「品牌」可稱得上是E-shop成功背後最有力推手。

4. 貼近顧客需求

針對消費者對網路購物最大疑慮，付款方式之選擇及安全性方面E-shop著力甚深。在付款方式方面，E-shop 提供會員線上或店內刷卡之選擇，為解決資料外洩問題，E-shop 採行三道關卡保護的信用卡付款方式；第一道：E-shop 提供銀行之 ePOS 線上信用卡刷卡服務，直接連結到銀行，不需留下信用卡號，交易步驟精簡。第二關：E-shop 的線上刷卡需額外填寫後三碼欄位，進行第二次確認。第三關：交易金額超過5,000元之大額交易一律使用「傳真刷卡」，需經顧客親筆確認交易才能完成。

5. 善用資料庫分析客群需求，投其所好

E-shop 除了運用資料庫之分析找到市場定位之外，目前更運用商品點閱數、

會員搜尋關鍵字，以及各項資料庫與人口變項間之關係，進行商品開發與商情分析。例如運用資料庫不僅分析出主要客群為「粉領族」，更配合歷史紀錄分析得知粉領族群偏好「話題性」商品。藉由資料庫分析，E-shop 對會員輪廓之描繪更清晰、具體，更能投其所好。

6. 持續聆聽消費心聲，服務精緻化

E-shop 從三個傳聲筒窺見顧客真心話：其一，消費者主動意見回饋：具高品牌忠誠度之會員會主動反映意見，主動發聲之消費者是頂好 E-shop 極重視之會員。其二，委託市調公司進行問卷調查，了解關於 E-shop 之知名度、消費者印象等，檢視 E-shop 之能見度。其三，常態性趨勢調查，每週不同主題之網路調查，針對顧客滿意度、網頁改版意見、顧客需要什麼、希望 E-shop 出現什麼等各式各樣問題，透過常態性調查迅速掌握趨勢之變動。

㈤未來發展

1. 根據趨勢調查，搭配具話題性產品強化行銷

E-shop 將推出「時尚特色館」，根據趨勢調查結果，規劃時下熱門之「面膜館」，來自世界各國、各式效果的面膜齊聚一堂，不僅為精品戰術，更是充滿議題性之時尚商品，預期可滿足女性會員的渴望。

2. 多通路行銷

依據 e-tailing 集團、Fry 公司與 ComScore 共同在 2005 年元月公布的 EMC2 研究資料顯示，多通路（multi-channel）的消費模式逐漸成為線上銷售成長的一項利器，多通路零售業者若能夠在跨通路提供一致性服務品質，將可提高消費者滿意度與忠誠度，提高再購率。

3. 個人化行銷

線上購物族群皆為有主見、有個性之消費者，依目前網路資訊超載之現況，實難滿足個人需求，E-shop 下階段希望藉由交叉分析達成客製化服務或推薦，推出「個人化 e-DM」。

問題討論

1. 試說明本書提出之養生餐盒之服務定位、服務發展模式及預期顧客價值。
2. 試以本書提出之養生餐盒與一般餐盒、五星級飯店之高級餐盒等描繪並說明養生餐盒之藍海商機。
3. 試說明頂好 E-shop 之服務創新成功要素。

第十二章 服務創新趨勢

本章概要

第一節　「幸福產業」的服務商機
一、單身商機
二、寵物商機
三、公仔商機
第二節　「抗老產業」的服務商機
一、銀髮族群的消費趨勢
二、銀髮族群服務創新模式
第三節　「方便飲食」的服務商機
一、冷凍速食加熱即食
二、可移動性、方便攜帶之食品開始流行
三、單人份產品紛紛面市

從「生活型態」、「價值導向」以及「顧客經驗」等面向均可觀察到服務創新之實踐，並且不難找到相當成功之個案。然而，由於服務易於複製之特質，企業推出之新服務在短時間內被同業以更低成本仿效成功之機會相當高！因應之道，服務業者必須隨時掌握社會脈動、預知消費趨勢，不斷發展創新服務，為顧客提供新價值，在同業仿效品推出之時以更新的服務迎擊對手，腰斬同業。

檢視服務創新的發展軌跡，吾等驚懾於服務創新之無限空間及可能性！欲系統化歸納服務創新之發展趨勢實非易事，然而有一點應該可以確定：服務創新之發展必然跟隨社會價值觀之發展蛻變，以及因之而變化之消費取向。景氣成長停滯時代，製造產業微利競爭的警訊促使服務產業之經營者不得不緊緊追隨消費走向，深入社會脈動，從中找尋顧客價值的機會區塊，他們對服務產業的創新發展進行相當縝密的觀察與預言，提出相當具體之看法。

第一節 「幸福產業」的服務商機

不婚、獨居及離婚人口不斷竄升，加上少子化及網路化社會持續發展的推波助瀾，「一個人族群」在台灣已經形成不容忽視的消費社群，尤其在都會地區這個族群的勢力絕對不容小覷。這些族群嚮往或習慣獨處的時間，包括一個人旅行、喝咖啡、上網等。就外人來看，可能把他們劃分為孤獨、寂寞的一群，對服務提供者而言，或許是個服務創新的新機會市場，如何為這些寂寞族群量身定做適合他們獨享的服務套餐，將會是服務創新的新產業。

以專業術語詮釋，寂寞產業是「消費者在購買產品或服務的過程中，獲得的心理補償面大於功能面」，負面情緒大於正面情緒的人就有可能成為寂寞產業的消費者，而能夠為這些族群排解寂寞、找到負面情緒的缺口，為他們心靈帶來幸福感的服務，將成功的為寂寞族群創造嶄新且獨特的價值，讓他們在寂寞中享受幸福的滋味，樂在其中！根據社會觀察家的預言，為寂寞族群服務的「幸福產業」已經在台灣成形，並且必將迅速擴張。「你一定要幸福哦！」已經成為朋友之間最流行的祝福語，也不斷成為媒體廣告的關鍵行銷文案。人類對幸福的期望未曾中斷，寂寞族群對幸福的渴望應該更加殷切吧！

一、單身商機

在單身經濟熱潮中，最令人刮目相看的是小坪數住宅之需求。雖然在台灣目前仍以核心家庭為主流，然而過去 10 年來，核心家庭減少了 28 萬餘戶，而單身戶卻增加了 31 萬餘戶。根據《住展》雜誌調查，2004 年台北市小套房總銷售額達台幣 600 億元，占房地產總銷售額四分之一，與 2003 年相較成長將近一倍。

「小宅化」竄升為新居住風潮之一，一戶不到 20 坪的「單身貴族大飯店」小坪數住宅，配備有五星級的公共設施，附送裝潢，燈光美、氣氛佳、低總價的奢華小套房，吸引很多有品味的不婚者、頂客族或單親家庭，據成交資料顯示，小套房的買主有六成是未婚粉領族。小坪數住宅在過去五年快速成長，專家預言未來小坪數住宅的需求仍將持續，如何為這些單身或單親族群訂製一個安心、溫馨的窩，針對單身貴族則需加倍賦予品味的元素，這將是房地產業者掌握商機、創造顧客價值的關鍵。

二、寵物商機

頂客族是寵物商機的主要推手，養寵物不養小孩的生活態度讓寵物提供了這個族群最佳慰藉，未婚的單身女性以及子女成家立業之熟年世代也助長了寵物熱。寵物商品侵入市場通路，並逐漸擴大其勢力範圍。大賣場闢寵物專區、連鎖藥妝店著手販賣寵物零食及用品，寵物安親班及寵物精品市場的興起則見證了寵物市場的高潛力商機。寵物、寵物瘦身、寵物寫真館、寵物游泳池，以及寵物保險、寵物生前契約或寵物分科醫院等新興服務，是寵物擬人化發揮的淋漓盡致之行業。有 500 億元台幣商機的寵物市場，正以每年兩位數的比例快速成長，過去乏人問津的獸醫師亦拜寵物市場火紅之賜，轉身成為當紅職業。

三、公仔商機

收藏公仔（動漫玩偶）成為近年來苦悶族歸屬感的寄託。收藏公仔提升了消費者的文化認同感，也提供短時間的幸福與滿足感，幫助成年人返回童年無憂無慮的時光。透過公仔，人們往往可以追尋到屬於他（她）那個世代的記憶，例如六年級前段班的人喜歡蒐集「無敵鐵金剛」或是「原子小金剛」等玩偶。藉由收藏公仔與同好分享收藏資訊，獲得歸屬感，造就台灣一年 6 億元以上的公仔大餅。

第二節　「抗老產業」的服務商機

少子化趨勢促使人口老化比例逐漸升高，而醫療照護服務之提高則同時促使銀髮族群擁有更長、更優質的銀髮時光。這種情況在長壽國日本尤其明顯，日本目前超過 65 歲的人口近 2,600 萬人，50 歲到 64 歲人口的個人金融資產占全日本個人資產的 72%，年紀愈大、愈富有的日本銀髮族，已經形成一塊肥沃新市場。日本企業界以及消費市場也跟著邁入一個向老人致敬的年代，銀髮商機成為日本企業服務轉型創新的新標的。觀察日本的銀髮商機對國內銀髮服務市場的擘劃有相當參考價值。

一、銀髮族群的消費趨勢

多金的日本銀髮族除了醫療保健的基本需求之外，全身上下、從外表到心靈，隱藏許多商機。

㈠旅遊商機

多金的日本退休老人經常以「旅遊」作為慶祝退休的消費首選。除了國內旅遊之外，日本高齡者的海外旅遊風氣相當盛行。日本最大旅行社——日本交通公社大力推出眾多高齡者海外豪華旅遊行程，依高齡者的願望提供量身訂做的旅遊行程；2006 年是日本旅遊界的「郵輪年」，各大旅行社主推搭郵輪環遊世界之行程，往往一天內被預定一空。

㈡美容商機

日本高齡者對假髮、美容整型的消費急速增加。高齡男性去皺紋、除斑點的風氣也愈來愈盛行，抗老、修飾容貌的美容商機已成為銀髮市場的一塊大餅。銀髮族群期望以更年輕的外型、優雅的調適活到老。日本愛德蘭絲公司的假髮訂做部門分析發現，70 歲以上的銀髮族已經成為主力客戶。

㈢學習商機

活到老學到老的生活哲學讓日本銀髮族生活增添了許多活力。終結為生活經濟打拼的壓力，到老時終於可以為自己的興趣與生活品味而學。向來鎖定兒童市場的山葉音樂教室，因應少子化趨勢，將行銷標的轉向銀髮市場。近年推出 50 歲以上才能參加的鋼琴、小提琴、薩克斯風課程，甚至研發獨創的簡易型吉他，讓高齡者學音樂更易上手。

㈣益智商機

害怕老人癡呆症的日本老人瘋狂的迷上益智遊戲！遊戲機業者推出號稱具有降低腦部年齡功能的機種，大受銀髮族歡迎。

㈤照護商機

取代人力的照護機器，功能從做家事到餐點餵食，成為老人最佳幫手。日本近年在遠距醫療、老人照護以及照護機器之研發極為成功。有了餵食機器之幫忙，讓頸部以下癱瘓、肢體不便之老人也能自行進食。

㈥寂寞商機

日本廠商不斷推陳出新開發出能與人溝通互動之「療癒系」玩具，撫慰空巢寂寞的銀髮心靈。例如：會講話的娃娃、會撒嬌的玩具貓等。

㈦社群商機

近年日本針對 45 歲到 65 歲老人架設之社群網站暴增，為這個族群訂製的社群網站針對族群需求進行設計，網站字體增大、提供能簡易發送訊息之功能，集結銀髮族形成社群，上網交友排解寂寞。知名網站更邀請熟齡團塊世代的名作家、政治人物、明星等開闢專欄，撰寫引起銀髮族共鳴之知識性與心情隨筆等類文章，增強吸引銀髮族上網之黏著度。

二、銀髮族群服務創新模式

向以年輕族群為訴求之日本便利商店近年開始重視高齡族群市場之開發。

㈠提供半處理食材之「鮮食區」

針對住在郊區的退休老人需求，全家在鮮食區提供初步處理好之食材，如醃漬好的肉片與清洗及切好的蔬菜等，讓老年人買回家後依照自己的口味簡單料理即可上桌。因應退休老人家裡人口簡單，鮮食多採貼心的小包裝。

㈡訴求中高齡男性之「高價便當」

全家推出「社長便當」計畫大為暢銷，募集公司內團塊世代男性主管參與開發，為中高齡男性推出之高價便當博得消費者青睞，比一般超商貴上兩倍的最高檔「匠便當」仿精美漆器的三層便當紙盒，除了精緻餐點外，以華麗和紙包裝的餐盒立即吸引講究品質、貴一點也無所謂的熟年男性青睞，創銷售佳績。

㈢「全家驚奇」

因應各區人口結構之差異性，全家每個門市均有一個「全家驚奇」的自由空間，由店長選擇擺放適合該商圈客層之商品。例如：都會商圈「全家驚奇」以擺放玻璃罐裝、養小魚的桌上型水族箱，或是小巧盆栽為主，提供上班族買回辦公室紓解壓力；在高齡者較多之商圈，提供老花眼鏡、助聽器電磁、成人尿布及染髮劑等商品，滿足銀髮族需要。

第三節　「方便飲食」的服務商機

根據東方線上EICP的資料顯示，「方便性」已經躍居消費者購物的第二順位考量，僅次於食物風味與口感。讓消費者任何時間、地點都能滿足飲食需求的便利性產品與服務，是食品產業近年因應消費者便利性訴求而極力開發及創新的市場。茲介紹幾個未來發展相當明顯的飲食趨勢。

一、冷凍速食加熱即食

以前的消費者希望 ready to cook（馬上可烹煮），所以過去10年超市提供的農產生鮮品增加許多組合式食材，一個販賣單位包含烹調一道菜所需的全部食材，包括調味料，消費者購買回家後可以很方便且快速的烹調完成。但是現在的消費者希望 ready to heat（馬上加熱可吃），對忙碌、疲憊且不諳烹煮的單身居住者而言，從便利商店快速買到的熟食包，只要在微波爐加熱幾分鐘馬上可解決一餐，甚至在購買的商家即刻可完成加熱程序，完全符合方便與快速的需求。掌握了這波需求後，商家不斷投入研發各種消費者喜歡的口味，以多樣化的選擇鎖住這些族群對冷凍速食的購買習慣。

國內冷凍食品供應商老字號的桂冠公司掌握了這些族群的需求，廣泛調查、了解各家口味，積極投入研發義大利麵、鮭魚炒飯及餃子等冷凍食品的生產，獲得市場相當熱烈的回應，每年以 60%成長，2005 年冷凍食品之營業額超過台幣 4 億元。便利商店所販售的飯糰、便當等已經獲得都會地區相當族群的青睞，便利商店業者更將鎖定「宵夜族群」作為拓展市場之必爭之地，從早餐到宵夜的便利熟食販售商機儼然成為新世代的創新服務，冷凍速食風潮應當也有相同效應。

二、可移動性、方便攜帶之食品開始流行

Sony 公司的iPod引領音樂產業時尚風，成功的因素在於符合可帶著走的生活型態。方便攜帶與食用、個人使用與包裝方式，開始大受歐美人士歡迎。方便攜帶的功能與生活上經常使用到之食品結合後，提供消費者相當程度的便利性與滿足。對企業而言，當產品的口味、成分等同質性愈來愈高時，提高產品的便利性成為創造差異化的來源之一。

除了方便攜帶之外，可單手拿取食用、不需拆掉多層包裝的食品也是未來食品開發的方向，尤其深受邊吃東西邊上網或使用電腦之電腦族或網路族群之青睞。歐美國家在這方面的創新發展已經有相當多成功案例：美國McNeil公司推出一種隨時隨地可服用之快速減輕頭痛之咀嚼錠；PepsiCo旗下Frito-Lay推出迷你玉米脆片，每包 190 大卡、不含反式脂肪與膽固醇，且採取不易壓碎的包裝方式，每盒有獨立6小杯，方便攜帶及食用。

三、單人份產品紛紛面市

在大多數已開發國家，平均每戶人口數僅約2人，個人家庭（single person household）愈來愈多。國內也因少子化及晚婚、不婚等族群之成長，家庭人口數也在減少之中。食品廠商意識到這個趨勢，開始重視單人份產品之開發。2001 年 The

Green Giant Company 推出 Green Giant Just for me!冷凍蔬菜，以玉米加奶油、結球甘藍、起司等冷凍調理食品，提供個人食用之包裝型態；Kraft 集團推出 Easy Mac 通心粉與起司微波調理食品；聯合利華增加冷凍小菜之生產線等等，均為因應個人化趨勢。美國 Baker's Inn 的產品以全穀物、全麥或多種穀物為特色，平常銷售之產品為整條切片吐司，為因應個別消費者需求，將包裝容量改為較少的 Short Loaf；Doritos Action Cups 以獨立杯包裝提供消費者分次攜帶之便利性，而且設計上有別於一般袋裝、紙盒裝或罐裝休閒食品，杯裝型態較不易被壓碎。

消費者對便利性之需求將持續增加，尤其是在時間壓力愈來愈大之生活型態下，針對消費者的方便性需求開發更便利性食品，將是食品產業競爭中勝出之重要途徑。

參考文獻

一、中文部分

1. 王雅玄（1997）。「德菲法（Delphi）在課程評鑑上之應用」，教育資料與研究，25，頁43-46。
2. 余欲第譯（2001）。服務行銷，台北：經典傳訊。
3. 林佳慧（1999）。「資訊檢索指導員評鑑量表之研究」，淡江大學教育資料科學研究所碩士論文。
4. 周春芳（2004）。流通業現代化與電子商務，台北：五南圖書公司。
5. 吳政達（1999）。「國民小學教師評鑑指標體系建構之研究——模糊德菲法、模糊層級分析法與模糊綜合評估法之應用」，國立政治大學教育系博士論文。
6. 「產業結構」（2004）。行政院主計處國民經濟動向統計季報。
7. 黃鵬飛譯（2002）。服務行銷（*Services Marketing*, Zeithaml & Bitmer），台北：華泰。
8. 張敬芝（2002）。「網路購物服務品質衡量模式建構之研究」，元智大學企業管理研究所碩士論文。
9. 張紹勳（2001）。研究方法，台北：滄海。
10. 陳珮鈺（2004）。「建構休閒農漁園區關鍵成功因素之研究」，長榮大學經營管理研究所碩士論文。
11. 游家政（1996）。「德懷術及其在課程研究上的應用」，花蓮師院學報，6，頁1-24。
12. 廖芷妤（2003）。「我國高職專業科目教師教學品質指標之建構」，台灣師範大學碩士論文。
13. 廖偉伶（2003）。「知識管理在服務創新之應用」，成功大學工業管理科學研究所碩士論文。
14. 鄭傑升（2001）。「從民眾使用的觀點建構電子化政府推動成效評估量表」，元智大學工業工程與管理研究所碩士論文。
15. 劉典嚴（2004）。「創意服務新思維：高親和力」。管理雜誌，第58期，4月，頁40。
16. 「點鹽成金——鄭寶清率台鹽搶進國際市場」（2005）。卓越雜誌，第2005期，4月，頁16-19。
17. 楊幼蘭譯（2004）。如何做好創新管理（*Managing Creativity and Innovation, wecke*），台北：天下文化。
18. 「滿足不同世代族群心靈的渴望」（2004）。能力雜誌，2月，頁18-23。

19.「全面包抄 E 世代之秒殺行銷」（2004）。能力雜誌，2 月，頁 24-31。
20.「銷售冠軍新解——什麼都能賣，拱出新大王」（2006）。卓越雜誌，2 月，頁 14-18。
21.「難捉摸的消費市場　不容忽視的第一名——超長壽銷售冠軍就是紅很久」（2006）。卓越雜誌，2 月，頁 20-23。
22.「遇見新世代，生意經大不同」（2006）。卓越雜誌，2 月，頁 62-65。
23.「七個金行業——無聊有商機，寂寞好生意」（2006）。遠見雜誌，4 月。
24.「人類學家——企業研發新戰將」（2006）。天下雜誌，7 月，頁 150-152。
25. http://www.dgbas.gov.tw/public/Attachment/53111513471.XLS
26. Evans,K.R.（2006）, "Paths of Promoting Innovation in Service Industries"，第一屆 IKSI 服務創新國際論壇。
27.「日本企業搶挖不老『銀』礦」（2007）。遠見雜誌，2 月，頁 172-182。
28.「『全家』要成為退休族的第二個家」（2007）。遠見雜誌，2 月，頁 183-185。

二、英文部分

1. Alam, I. & Perry, C.（2002）, "A customer-oriented new service development process", *The Journal of services Marketing*, 16, 6, pp.515-534.
2. Caddy, I., Helou, M., & Callan, J.（2002）, "From Mass Production to Mass Customization: Impact on Integrated Supply Chains", *Moving into Mass Customization.*
3. Cooper, D. R. & Schindler, P. S.（1998）, "Business Research Methods", 6th ed., Singapore: McGraw Hill.
4. Dalkey, N. C. & Helmer, O.（1963）, "An exiperimental application of the Delphi method to the use of experts", *Management Science*, Vol.9, 1, pp.458-467.
5. De Bonis, J. N., Balinski, E., & Allen, P.（2003）, *Value-Based marketing for Bottom-Line Success-5 Steps to Create Customer Value*, USA: McGraw-Hill Companies, Inc.
6. Duray, R.（2002）, "Mass Customization: Strategic & Operational Considerations", *Innovations in Competitive Manufacturing*, New York: AMACDM, pp.275-282.
7. Gillham, B.（2000）, *Case Study Research Methods*, London: Continuum Wellington House.
8. Guiltinan, J. P., Paul, G. W., & Madden, T. J.（1997）, *Marketing Management Strategies and Programs*, U. S. A.: McGraw-Hill.
9. Gustafsson, A. & Johnson, M. D.（2003）, *Competing in a Service Economy*, San Francisco: Jossey-Bass.
10. Heskett, J. L., Jones, T. O., Loveman, G. W., Sasser, W. E ., Jr, & Schlesinger, L. A.（1994）, "Putting the Service-Profit Chain to Work", *Harvard Business Review*, Mar/Apr.

11. Kelly, D. & Storey, C.（2000）, "New service development: initial strategies", *International Journal of Services Industry management*, Vol.11, Iss.1, p.45.

12. Knolmay, G. F.（2002）, *Moving into Mass Customization.*

13. Knox, S. & Maklan, S.（1998）, *Competing on Value*, London: FT PITMAN Publishing.

14. McKay, J.（1998）, "The SCOR Model." Presented in Designing and Managing the Supply Chain, an Executive Program at Northwestern University, James L. Allen Center.

15. Minichiello, V., Aroni, R., Timewell, E., & Alexander, L.（1990）, *In-depth Interviewing: Researching People*. Melbourne: Longman Cheshire.

16. Newell, F.（200?）, "Why CRM Doesn't Work How to Win By Letting Customer Manage the Relationship".

17. Oliva, R. & Kallenberg, R.（2003）, "Managing the transition from products to services", *International Journal of Service Industry Management*, 14(2), pp.160-172.

18. Parolini, C.（1999）, *The Value Net: A Tool for Competitive Strategic*, England: Wiley.

19. Pourdehnad, J. & Robinson, O. J.（2001）, "Systems Approach to Knowledge Development for Creating New Products and Services", *Systems Research and Behavioral Science*, 18, 1, Jan/Feb.

20. Robert, Andersen, & Hull（2000）, "Knowledge and Innovation in the New Economy", *Knowledge and Innovation in the New Service Economy*, U. K.: Edward Elgar.

21. Schenk, M. & Seelmann-Eggebert, R.（2002）, "Mass Customization Facing Logistics Challenges", *Moving into Mass Customization.*

22. Searles, B.（2004）, "Best Practices of the Innovation Process Through Benchmarking", The Best Practices of Asia International Conference, Taipei, 21 Oct.

23. Simchi-Levi & Kaminsky（2000）, "Customer Value and Supply Chain Management", *Designing and Managing the Supply Chain*, pp.197-214.

24. Slywotzky, A. J.（1996）, *Value Migration*, USA: Harvard Business School Press.

25. Storey, C. & Kelly, D.（2001）, "Measuring the Performance of New Service Development Activities", *The Service Industries Journal*, 21, 2, April, pp.71-90.

26. Tatikonda, M. V. & Zeithaml, V. A.（2002）, "Managing the New Service Development Process: Multi-Disciplinary Literature Synthesis and Directions for Future Research", *New Directions in Supply-Chain management*, New York: AMACDM.

27. Tether & Hipp（2000）, "Competing and Innovation Amongst Knowledge-Intensive and Other Service Firms: Evidence from Germany", *Knowledge and Innovation in the New Service Economy*, UK: Edward Elgar Publishing, Inc., pp.49-67.

28. Tyndall, G., Gopal, C., Partsch, W., & Kamauff, J.（1998）, "Selling More: Winning the Customer with Operational Excellence", *Supercharging Supply Chains-New Ways to Increase Value Through Global Operational Excellence*, USA: WILEY, pp.101-130.
29. Ulwick, A. W.（2002）, "Turn Customer Input into Innovation", *Harvard Business Review*, Jan. pp.91-97.
30. Viswanadsham, N.（2000）, "The Product Development Process", *Analysis of Manufacturing Enterprises*, Kluwer Academic Publishers, pp.155-181.
31. Watkins, H. S.（1997）, "Developing Customer-focused New Product Concepts", *Integrated Product, Process and Enterprise Design*, pp.21-44.
32. Weinstein（2002）, "Customer-Specific Strategies Customer retention: A usage segmentation and customer value approach", *Journal of Targeting, Measurement and Analysis for Marketing*, Mar, 10, 3, pp.259-268.
33. Welman, Jc & Kruger, Sj（2002）, *Research Methodology*, Oxford University Press Southern Africa.
34. Winter, R（2002）, *Moving into Mass Customization.*
35. Yin, R. K.（1989）, *Case Study Research Design and Methods*, Newbury Park Calif.: Sage publications.
36. Yin, R. K.（1994）, *Case Study Research Design and Methods*, CA.: Sage publications.
37. Meyer, C. & Schwager, A.（2007）, *Understanding Customer Experience*, Feb.

國家圖書館出版品預行編目資料

創新服務行銷／周春芳著. ——二版. ——臺
北市：五南, 2008.08
面； 公分
ISBN 978-957-11-4827-4（平裝）
1.服務業管理 2.服務行銷 3.顧客關係管理
489.1 96013069

1FPM

創新服務行銷

作　者— 周春芳(110.1)
發 行 人— 楊榮川
總 編 輯— 王翠華
主　編— 侯家嵐
責任編輯— 吳靜芳　雅典編輯排版工作室
封面設計— 鄭依依
出 版 者— 五南圖書出版股份有限公司
地　址：106台北市大安區和平東路二段339號4樓
電　話：(02)2705-5066　傳　真：(02)2706-6100
網　址：http://www.wunan.com.tw
電子郵件：wunan@wunan.com.tw
劃撥帳號：01068953
戶　名：五南圖書出版股份有限公司
法律顧問　林勝安律師事務所　林勝安律師
出版日期　2006年9月初版一刷
2008年8月二版一刷
2016年5月二版二刷
定　價　新臺幣380元